四川省工程建设标准体系
建筑节能与绿色建筑部分
（2014版）

Sichuan Sheng Gongcheng Jianshe Biaozhun Tixi
Jianzhu Jieneng Yu Lüse Jianzhu Bufen

四川省建筑科学研究院　主编

西南交通大学出版社

·成都·

图书在版编目（CIP）数据

四川省工程建设标准体系建筑节能与绿色建筑部分：
2014 版 / 四川省建筑科学研究院主编. —成都：西南
交通大学出版社，2014.8
ISBN 978-7-5643-3275-4

Ⅰ. ①四… Ⅱ. ①四… Ⅲ. ①建筑－节能－标准－四
川省－2014②生态建筑－标准－四川省－2014 Ⅳ.
①TU111.4-65②TU18-65

中国版本图书馆 CIP 数据核字（2014）第 195654 号

四川省工程建设标准体系
建筑节能与绿色建筑部分
（2014 版）

四川省建筑科学研究院　主编

责 任 编 辑	张　波
助 理 编 辑	胡晗欣
封 面 设 计	墨创文化
出 版 发 行	西南交通大学出版社
	（四川省成都市金牛区交大路 146 号）
发 行 部 电 话	028-87600564　028-87600533
邮 政 编 码	610031
网　　　址	http://www.xnjdcbs.com
印　　　刷	成都蜀通印务有限责任公司
成 品 尺 寸	210 mm × 285 mm
印　　　张	4.5
字　　　数	85 千字
版　　　次	2014 年 8 月第 1 版
印　　　次	2014 年 8 月第 1 次
书　　　号	ISBN 978-7-5643-3275-4
定　　　价	34.00 元

四川省住房和城乡建设厅
关于发布《四川省工程建设标准体系》的通知

川建标发〔2014〕377号

各市州住房城乡建设行政主管部门：

为确保科学、有序地推进我省工程建设标准化工作，制订符合我省实际需要的房屋建筑和市政基础设施建设标准，我厅组织科研院所、大专院校、设计、施工、行业协会等单位开展了《四川省工程建设标准体系》的编制工作。工程勘察测量与地基基础、建筑工程设计、建筑工程施工、建筑节能与绿色建筑、市政工程设计和市容环境卫生工程设计6个部分已编制完成，经广泛征求意见和组织专家审查，现予以发布。

四川省住房和城乡建设厅

2014年6月27日

四川省工程建设标准体系
建筑节能与绿色建筑部分
编 委 会

编委会成员：殷时奎　　陈跃熙　　李彦春　　康景文　　王金雪

　　　　　　吴　体　　张　欣　　牟　斌　　清　沉

主编单位：四川省建筑科学研究院

参编单位：中国建筑西南设计研究院有限公司

　　　　　四川建筑职业技术学院

　　　　　西南交通大学

　　　　　四川省科技协会智能化专委会

主要编写人员：吴　体　　于　忠　　冯　雅　　高永昭　　徐斌斌

　　　　　　　高庆龙　　袁艳平　　孙亮亮　　吴明军　　刘昌明

　　　　　　　余恒鹏　　黎　力　　陈振明

前　言

　　工程建设标准是从事工程建设活动的重要技术依据和准则，对贯彻落实国家技术经济政策、促进工程技术进步、规范建设市场秩序、确保工程质量安全、保护生态环境、维护公众利益以及实现最佳社会效益、经济效益、环境效益，都具有非常重要的作用。工程建设标准体系各标准之间存在着客观的内在联系，它们相互依存、相互制约、相互补充和衔接，构成一个科学的有机整体，建立和完善工程建设标准体系可以使工程建设标准结构优化、数量合理、全面覆盖、减少重复和矛盾，以达到最佳的标准化效果。

　　我省自开展工程建设标准化工作以来，在工程建设领域组织编写了大量的标准，较好地满足了工程建设活动的需要，在确保建设工程的质量和安全，促进我省工程建设领域的技术进步、保证公众利益、保护环境和资源等方面发挥了重要作用。随着我国经济不断发展，新技术、新材料、新工艺、新设备的大量涌现，迫切需要对工程建设标准进行不断补充和完善。面对新形势、新任务、新要求，为进一步加强我省工程建设标准化工作，需对现有的工程建设国家标准、行业标准和四川省工程建设地方标准进行梳理，制订今后一定时期四川省工程建设需要的地方标准，构建符合四川省实际情况的工程建设标准体系。为此，四川省住房和城乡建设厅组织开展了《四川省工程建设标准体系》的研究和编制工作，目前完成了房屋建筑和市政基础设施领域的工程勘察测量与建筑地基基础、建筑工程设计、建筑工程施工、建筑节能与绿色建筑、市政工程设计、市容环境卫生工程设计等六个部分的标准体系编制。

　　建筑节能与绿色建筑部分标准体系是在科学总结以往实践经验的基础上，全面分析建筑节能与绿色建筑领域的国内外技术和标准发展现状以及趋势，针对我省工程建设发展的实际需要而编制的，是目前和今后一定时期内我省建筑节能和绿色建筑领域地方标准制订、修订和管理工作的依据。同时，我们出版该部分标准体系也供相关人员学习参考。

　　本部分标准体系编制截止于 2014 年 5 月 31 日，共收录现行、在编工程建设国家标准、行业标准、四川省工程建设地方标准及待编四川省工程建设地方标准216个。欢迎社会各界对四川省工程建设现行地方标准提出修订意见和建议，积极参与在编或待编地方标准的制订工作，对本部分标准体系如有修改完善的意见和建议，请将有关资料和建议寄送四川省住房和城乡建设厅标准定额处（地址：成都市人民南路四段36号，邮政编码：610041，联系电话：028-85568204）。

目 录

第1章　编制说明

1.1　标准体系总体构成

建筑节能与绿色建筑部分标准体系按专业分为两个标准体系：建筑节能标准体系和绿色建筑标准体系，各专业标准体系包括以下四个方面的内容：

1. 综　述

在调研基础上，重点论述国内外的技术发展、技术标准的现状与发展趋势、现行标准存在的问题以及本专业标准体系的特点。

2. 标准体系框图

各专业的标准分体系，按照各自学科或专业内涵排列，在体系框图中竖向分为三层，第一层为基础标准，第二层为通用标准，第三层为专用标准。上层标准的内容包括了其以下各层标准的某个或某方面的共性技术要求，并指导其下各层标准，共同成为综合标准的技术支撑。

3. 标准体系表

标准体系表是在标准体系框图的基础上，按照标准内在联系排列起来的图表，标准体系表的栏目包括标准的体系编码、标准名称、标准编号、编制出版状况和备注。

4. 项目说明

项目说明，重点说明各项标准的适用范围、主要内容、与标准体系的关系等，待编四川省工程建设地方标准主要说明待编的原因和理由。

1.2 标准体系编码说明

工程建设标准体系中每项标准的编码具有唯一性，标准项目编码由部分号、专业类别号、标准层次号、分项序列号和顺序号组成：

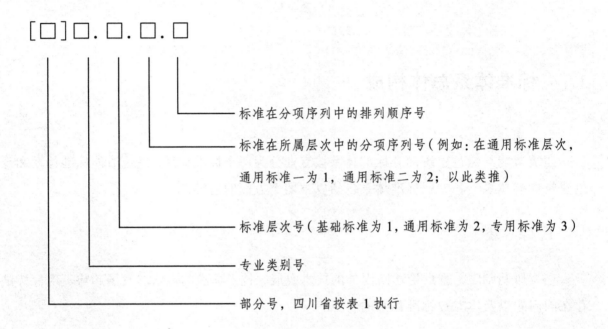

表1 四川省工程建设标准体系部分号

部分名称	部分号
工程勘察测量与建筑地基基础	1
建筑工程设计	2
建筑工程施工	3
建筑节能与绿色建筑	4
市政工程设计	5
市容环境卫生工程设计	6

1.3 标准代号说明

序号	标准代号	说　明
一	国家标准	
1	GB、GB/T	国家标准
2	GBJ、GBJ/T	原国家基本建设委员会审批、发布的标准
二	行业标准	
3	JG、JG/T、JGJ、JGJ/T	建设工业行业标准
4	CJ、CJ/T、CJJ、CJJ/T	城镇建设行业标准
5	JC、JC/T、JCJ	建筑材料行业标准
6	HJ、HJ/T	环境保护行业标准
三	地方标准	
7	DB51、DB51/T、DBJ51、DBJ51/T	四川省工程建设地方标准

注：表中标准代号带分母"T"的均为推荐性标准。

1.4 标准数量汇总

序号	分类名称	现行			在编			待编			分类小计
		国标	行标	地标	国标	行标	地标	国标	行标	地标	
1	建筑节能	69	35	17	2	2	19	—	—	35	179
2	绿色建筑	13	2	2	3	3	2	—	—	12	37
	合计	82	37	19	5	5	21			47	216

第2章 标准体系

2.1 建筑节能专业标准体系

2.1.1 综　述

建筑节能是近几年来快速发展的一门新型的综合学科。建筑节能是指在建筑物的规划、设计、建造和使用过程中，采用节能型的技术、工艺、设备、材料和产品，提高围护结构保温隔热性能和采暖空调系统效率，加强建筑物用能系统的运行管理，利用可再生能源，在保证室内热环境质量的前提下，减少供热、空调制冷制热、照明、热水供应的能耗，因此建筑节能所涉及的专业学科范围较为广泛，包括：建筑热工、暖通空调、可再生能源、配电照明、监测与控制等。

2.1.1.1 国内外专业技术发展简况

1. 墙体节能技术发展简况

国外的外墙保温工程最早出现在欧洲，至今已有 40 多年的应用历史，在 20 世纪七八十年代得到了迅速的发展，至 1979 年已有 3 000 万 m^2 的外墙外保温系统用在住宅上，使用最多的是膨胀聚苯板薄抹灰外保温系统，其他应用的技术系统还有玻璃棉外保温系统、岩棉外保温系统、聚氨酯外保温系统以及在欧洲南部部分地区使用的外墙内保温和北美地区使用的自保温的结构墙体保温系统。

我国于 20 世纪 80 年代中期开始研究建筑外墙保温技术，国内的企业和研究单位首先通过改良窑炉、管道的工业保温技术用于建筑物的节能，这方面的技术有珍珠岩、复合硅酸盐、海泡石或各种外墙保温砂浆。这些技术自 90 年代初期应用于北方严寒和寒冷地区的建筑节能，后因性能指标达不到要求，并且由于生产控制不严格、生产设备过于简陋、施工质量难以控制，因而工程质量问题比较多而逐渐退出北方建筑节能市场，转而南下，在夏热冬冷和夏热冬暖地区进行宣传和应用。与此同时，部分国内的企业引进国外技术或对其进行改造后组织生产用于建筑物的节能，这方面的技术有：膨胀聚苯板薄抹灰外墙外保温系统、机械固定膨胀聚苯板钢丝网架板外墙外保温系统、胶粉聚苯颗粒外墙外保温系统、膨胀聚苯板现浇混凝土外墙外保温系统等。

"央视大楼失火事情"发生以后，外墙保温材料的防火性能成为人们关注的焦点，其应用性能在建筑类型、建筑高度上受限制的情况，还研发以矿（岩）棉、玻璃棉、膨胀玻化微珠、泡沫玻璃和发泡水泥板等保温系统为代表的无机保温材料的保温系统。

与以上涉及保温材料的外墙内外保温系统同时存在的还有蒸压加气混凝土自保温墙体、保温夹芯墙系统等为代表的结构墙体保温系统。

2. 建筑节能门窗技术发展简况

目前欧美门窗行业的整体技术水平仍大大领先于中国的门窗行业。门窗市场以木窗、铝合金窗和塑料窗三者并存。由于铝合金材料质地美观、色彩丰富，门窗市场开发了铝合金扣板技术的木铝、塑铝复合型材，甚至在扣合部位填充 PU 发泡，并进一步提高了保温性能。其中木铝窗由于室内一侧为木材，给人一种自然的感觉，更受市场欢迎，用量正逐年提高。

门窗用的玻璃在欧洲已基本上采用镀膜中空玻璃或镀膜三玻中空玻璃，双玻间距一般为 14 mm，玻璃厚度不小于 5 mm。欧洲玻璃标准要求传热系数不大于 2 W/（$m^2 \cdot K$），中空玻璃内要充氮气或氩气，从而更进一步提高了门窗的保温性能。欧洲门窗标准要求门窗的传热系数不大于 1.4 W/（$m^2 \cdot K$）。

中国的窗户节能性能普遍较差，窗户的单位面积能耗为发达国家的 2～3 倍，而且窗户的功能质量差。但是窗户的功能质量，对居住者的健康、舒适以及生活工作条件，有着巨大的影响。建筑门窗节能是当务之急。现阶段我国门窗以塑料门窗、断桥铝合金门窗占绝对主导，木窗已较少用于城市建设中，以铝木复合门窗、塑木复合门窗逐渐替代木窗，玻璃钢门窗、复合材料门窗将会越来越多。门窗将朝着系列化、多样化、高档化、自动化、人文化方向发展，而且精品化、个性化意识越来越强。

国内门窗利用玻璃的传热系数及遮阳系数的要求也逐步提高，北方严寒、寒冷地区采用传热系数较低的镀膜中空玻璃或镀膜三玻中空玻璃，夏热冬冷地区采用低传热、低遮阳中空玻璃，而夏热冬暖地区采用低遮阳玻璃。门窗的窗型也以平开窗居多，也有中悬和上悬式窗，推拉门窗在内陆地区使用居多，但推拉窗的气密性很难保证。

3. 暖通空调节能技术及发展简况

暖通空调系统在建筑节能中占据重要的位置。在建筑能耗里，用于暖通空调系统的能耗占到建筑能耗的30%～50%。随着暖通空调的广泛应用，用于暖通空调系统的能耗将进一步增大。对暖通专业提出更高的节能要求是必然的，也是大势所趋。

暖通空调业发展所遵循的原则，概括起来就是：节能、环保、可持续发展、保证建筑环境的卫生与安全，适应国家的能源结构调整战略，贯彻热、冷计量政策，创造不同地域特点的暖通空调发展技术。其具体可概括为以下十二个方面：供暖技术、通风技术、室内环境质量、燃气空调、蓄能技术、公共建筑HVAC、可持续发展能源技术与暖通空调、节能环保设备的开发、空调通风系统和设计进展、模拟与分析技术、智能控制、施工安装和运行管理、制冷技术。

4. 可再生能源在建筑中的应用技术及发展简况

目前约定俗成的可再生能源主要有风能、太阳能、地热能、潮汐能、海洋温差能、生物质能等，建筑中常使用的可再生能源有太阳能光热系统、太阳能光伏发电系统、深层地热能、浅层地热能、沼气生物质能、风能等。

太阳能光热利用，顾名思义就是利用集热系统收集太阳热量用于建筑生活热水或者采暖空调。根据建筑用能的特点，建筑中太阳能热利用主要是30℃～100℃的中低温热水。由太阳能集热系统产生的热水可直接用于洗浴卫生热水，也可直接由循环水泵输送到低温热辐射盘管、散热器或风机盘管等采暖末端用于室内采暖。近年来在国内外做了大量的将太阳能热水用于驱动吸收式制冷机组或吸附式制冷机组产生冷冻水用于建筑空调的研究及少量的工程应用示范。

目前的太阳能发电技术主要有太阳能光伏发电技术和太阳能热发电技术，其中太阳能热发电技术尚处于试验开发阶段，而太阳能光伏发电技术已经成熟、可靠、实用，其使用寿命已经达到25～30年。目前在建筑中主要推广应用建筑一体化的光伏发电系统，既可并网运行也可离网运行。

地热是一种可再生的自然能源。由于地壳里蕴藏着丰富的地热能，在传统能源越来越匮乏的今天，许多国家已经对地热能的利用有了相当的应用。地源热泵中央空调系统是利用了地球表面浅层的地热资源（通常小于400 m）为冷热源，进行能量转换的高效节能空调系统。对地源热泵系统来说，其主要通过高品位能源的输入，从而转换为高温位热能。地热能主要实现在夏季时把室内热量释放到大地中去，为室内提供冷源，而冬季时则提供热源，从而实现为室内采暖。从使用实践情况表明，一般情况下，地源热泵消耗1 kW的能量，可创造出 4 kW 以上的热量或冷量。

5. 配电照明节能技术及发展简况

照明节能大力推动绿色照明，从光源的材料和使用上加以有效管理，出台了一系列的标准和管理要求，将照明节能推广到全民范围；不断提高功率器件性能要求，主要体现在镇流装置上技术提高，通过对镇流器技术的改进来提高照明设备的功率因数。

"绿色照明"概念的提出源于 20 世纪 90 年代的美国。1991 年，美国环保局（EPA）提出了一项提高照明用电效率、减少空气污染的行动计划，被形象地命名为"绿色照明计划"。作为当时一项独具特色的节能行动计划，"绿色照明"在美国取得了前所未有的成功，很快得到了国际社会的广泛认可和积极响应，从此，"绿色照明"一词即成为照明节电的代名词。美国、欧盟、日本、俄罗斯都有"绿色照明计划"；世界银行/全球环境基金组织（GEF）有墨西哥高效照明项目；全球环境基金组织（GEF）/国际金融组织（IFC）有波兰高效照明项目、高效照明七国项目（ELI）等。

1996 年 9 月，原国家经贸委制定并印发了《中国绿色照明工程实施方案》，提出实施绿色照明工程的主要目的是发展和推广高效照明器具，逐步替代传统的低效照明电光源。"中国绿色照明工程"发展和推广的高效照明器具主要包括紧凑型荧光灯、细管型荧光灯、高压钠灯、金属卤化物灯等高效电光源；以电子镇流器、高效电感镇流器、高效反射灯罩等为主的照明电器附件；以调光装置、声控、光控、时控、感控等为主的光源控制器件。现在我国建筑室内绿色照明在技术上主要是采用高效、节能型的照明光源。室内照明光源主要以各种型式的荧光灯为主，包括高频荧光灯、紧凑型荧光灯、三基色荧光灯、自镇流型荧光灯、高频无极感应灯等；家庭及小面积采用自镇流一体化节能灯；办公、商业等大型公建大面积群装采用 PLC 插拔四针电子灯管配套高性能电子镇流器。

根据我国实施绿色照明工程以来的经验和国际的发展趋势，今后照明节能的发展方向将是：

（1）采用高效光源和配套电器（已经取得能效认证的光源和配套电器）。用更高效率替代原有较低效率，如节能灯替代白炽灯（含石英灯）；或采用节能电子镇流器代替传统电感镇流器；用高亮度替代原有较低亮度光源，如三基色灯管替代卤粉灯管。

（2）采用高效的灯具（尤其是 IP 等级高的）。

（3）在照明控制中采用智能化管理，对照明采取动态调整和控制，使实际照度和耗电达到最佳匹配。

（4）合理照明，节约多余的照明光（多余的照明不仅浪费能源，还会造成光污染）。

6. 监测与控制节能技术及发展简况

监测与控制节能技术主要应用在公共建筑上。我国从 20 世纪 90 年代修建的公共建筑，基本都有比较完整的建筑智能化系统（以下简称 BIS）。BIS 中的楼宇设备自动化系统（BMS）的一个主要目标即用于节能，但在实践中 BIS 与节能关联甚少，仅有少数公建有节能意识，会利用 BMS 或专用的节能系统来实行运行中的建筑物节能。随着建筑节能与绿色建筑的不断推进，监测与控制节能技术在建筑中的应用越来越受到重视，绿色建筑的建造内容和评价标准也都要求有 BIS。国家住房和城乡建设部 2007 年开始在全国推行国家机关办公建筑和大型公共建筑节能监管体系建设，其中一个重要内容就是要建立全国联网的国家机关办公建筑和大型公共建筑能耗的实时在线监测系统，通过在线监测平台等一系列手段最终实现公共建筑能耗的降低。

2.1.1.2　国内外专业技术标准现状

1. 墙体保温技术标准现状

欧美国家经过多年的理论研究和工程实践，外墙保温系统已形成健全的、系统的规范标准体系，主要标准有：欧洲技术认证组织认证标准《有抹面层的外墙外保温复合系统》（EOTA ETAG 004）、欧洲标准《膨胀聚苯乙烯外墙外保温复合系统》（EN 13499）、《岩棉外墙外保温复合系统》（EN 13500）等。

我国是从 20 世纪 80 年代开始进行外墙外保温技术的研究，目前主要的墙体保温技术标准有：《外墙外保温工程技术规范》（JGJ 144-2004）、《膨胀聚苯板薄抹灰外墙外保温系统》（JG149-2003）、《胶粉聚苯颗粒外墙外保温系统》（JG158-2013）。我国墙体保温标准同欧盟标准类似，还有与上述标准配套使用的相关组成材料的性能标准、试验方法标准、工程验收标准几十种。

2. 节能门窗技术标准现状

欧洲对窗户能效指标的要求一直走在世界前列，早在 20 世纪 70 年代石油危机之后，欧洲一些国家就制定了严格的建筑节能法规。当时瑞典规定窗的传热系数为 2.0 W/（m^2·K），芬兰为 2.1 W/（m^2·K），德国在 1995 年起实施的建筑节能法规中就要求窗户传热系数的上限为 1.7 W/（m^2·K），玻璃为 1.5 W/（m^2·K），当地达标的主流产品为充氩气双层中空玻璃。早在 1994 年，德国就要求外窗传热系数达到 1.8 W/（m² · K），到 2009 年时要求外窗的传热系数为 1.3 W/（m² · K），并计划到 2013 年达到 1.0 W/（m² · K）以下，这对外窗性能的要求是相当高的，这样一来就会对玻璃和型材提出更高的要求。

美国能源部全国建筑节能示范法规 1995 年才引入传热系数 U 值指标，1998 年以后引入太阳辐射的热系数 SHGC 值指标，美国能源部认可 IECC 节能法规和 ASHRAE 节能设计标准，两个标准采用相同的气候区。2004 年美国对门窗性能的要求就已较高了，美国"能源之星"是美国能源部和美国环保署共同推行的一项节约能源、保护环境的政府计划，该计划对各气候区门窗的能效性能提出了更高的要求。2010 年 1 月 4 日能源之星第五版门窗要求生效，提高了对各气候区垂直窗的 U 值要求，同时降低了中北地区及以南地区的 SHGC 值。

门窗的节能性能主要体现在保温性能、气密性能和遮阳性能。在各个气候区的建筑节能设计标准中，对以上三个性能均作了明确规定，其标准已逐步完善，大部分省市已根据自身的地域、气候特点制定了地方建筑节能设计标准。我国针对门窗的保温性能和气密性能制订了分级标准，有关遮阳标准以及工程应用技术规程也在逐步完善。目前我国制定的有关门窗节能性能的标准约 20 种。

3. 暖通空调技术标准现状

美国暖通空调制冷工程师学会发布的《暖通空调设计手册》、各种暖通空调系统设备相关标准 180 余种、导则 30 余种及相关技术文件；英国皇家屋宇装备工程师学会编制的《CIBSE Guide B》；日本空气调节 · 卫生工学会主编的《空气调节 · 卫生工学便览》均为各国使用最广泛的暖通空调设计技术性文件，这些文件基本涵盖所有与暖通空调与制冷相关的领域，可以在工业建筑、民用建筑、农业、交通运输设备（飞机、轮船）等领域进行非常广泛的使用。美国、英国、日本的暖通空调设计中，没有强制性的技术法规，任何一个组织（包括协会、学会、制造商等）都可以编制自认为有市场需求的技术标准、指南及手册，然后通过相关机构认可进而推广到市场。

我国现行的暖通空调标准规范体系由国家、行业及地方制定的设计标准、材料与设备标准、施工及验收标准等三大类构成。该标准体系涵盖了供热工程、供燃气工程、通风工程、空气调节工程及其制冷站等的工程设计、设备制造、施工及运行管理等方面。不考虑材料与设备等相关标准，目前我国制定的暖通空调有关节能性能的标准约 20 余种，主要分为基础标准（《采暖通风与空气调节术语标准》等）、设计标准（《采暖通风与空气调节设计规范》《民用建筑供暖通风与空气调节设计规范》等，也包括反映行业特殊性的标准或技术规定）、施工及验收标准（《通风与空调工程施工质量验收规范》等）。这些《规范》

适用于各种类型的民用建筑，不适用于工业建筑，相关工业建筑领域的暖通空调标准正在编制中，其中的工程建设国家标准是国家强制执行的建筑技术法规。

4. 可再生能源在建筑中应用技术标准现状

近年来，国际普遍大力推动可再生能源在建筑中的应用，国内外均制定了大量的可再生能源建筑应用技术标准。

1S0/T C180 作为太阳能标准化委员会，到目前为止，1S0/T C180 共组织制定并发布了十几项有关太阳热水系统与工程的国际标准，包括太阳能术语、太阳能热水器所用材料的试验和评价方法、试验仪器设备的技术条件与校准方法、太阳集热器合格测试程序及热性能试验方法、家用太阳热水系统的热性能试验方法及预测方法等。我国太阳能光热现已发布的国家标准有 17 项，行业标准 3 项，地方标准 16 项。主要包括有关太阳能热利用术语，集热器标准，太阳热水系统设计、安装、验收及评价标准等。

国际电工委员会光伏能源标准化技术委员会（IEC/TC82）是国际上专门负责光伏能源相关技术标准化工作的技术组织。目前国际上最主要的光伏测试标准有国际电工委员会的 IEC 系列标准和美国国家标准委员会的 ANSI UL 标准。世界上除美国和加拿大外的大部分地区都接受 IEC 标准，大部分国家的本国标准也是由 IEC 标准借鉴而来。我国太阳能光伏现已发布的国家标准有 19 项，行业标准 11 项，地方标准 14 项。主要包括有关光伏器件，光伏系统并网，太阳光伏系统设计、安装、验收及评价标准等。

由于在国际上地源热泵仅仅是采暖空调行业一个很小的分支，其市场容量只占不超过2%的极小份额，且地源热泵系统室内部分及热泵主机部分与常规空调系统无本质区别，且室外部分涵盖了水文地质等非机电专业，这些专业领域有其专门的标准，因此除非官方的国际地源热泵协会（IGSHPA）编制了并未广泛使用的《地源热泵设计与安装标准》外，国际上并无专用地源热泵方面的标准。我国地源热泵现已发布的国家标准有 3 项，行业标准 3 项，地方标准 20 余项。主要包括有关地源热泵系统工程技术规范，工程评价标准，地源热泵系统设计、安装及验收标准等。

5. 配电照明节能技术标准现状

30 多年来，各国在新建建筑设计和施工、既有建筑的节能改造、建筑运行节能管理上结合本国的能源情况，相继推出一系列的建筑节能法律法规和标准，并制定了相应的监督、激励政策，以保障法规和标准的有效实施。这些举措使发达国家在建筑节能领域取得了瞩目的成就。照明节能途径一般包括照度的确定、照明光源的选择、照明灯具及其附属装置的选择、照明控制及管理、采用智能化照明、推广绿色照明工程等。而我国目前有关建筑配电与照明的工程建设节能标准有 5 种。

6. 监测与控制节能技术标准现状

建筑中采用的监测与控制技术通常由建筑智能化来实现，我国 20 世纪 90 年代开始在公共建筑中采用建筑智能化系统，根据中国国家标准《智能建筑设计标准》（GB/T 50314-2000）中的定义，建筑智能化系统主要为人们提供一个安全、高效、舒适、便利的建筑环境，但该定义忽略了"节能环保"的概念。随着我国建筑节能与绿色建筑的不断发展，建筑智能化成为建筑节能实现的一个重要手段，也成为了绿色建筑中的一项重要内容。目前，围绕监测与控制节能技术编制的国家标准还很少，仅有住房和城乡建设部在推进国家机关办公建筑和大型公共建筑节能监管体系建设中编制了 5 个技术导则。

2.1.1.3　现行标准存在的问题

建筑节能作为一门新兴的学科，近年来得到迅速的发展，相应的规范标准也层出不穷，发展很快，从目前标准的执行情况分析，主要存在以下问题：

（1）随着建筑节能的不断推进，很多新的技术、新的产品、新的工艺不断推向市场，但标准相对滞后，如复合硅酸盐板、保温装饰板、挤塑板保温隔热材料等在我省应用很广泛，但标准至今未能推出。

（2）可再生能源近年来在我省建筑中得到大面积推广应用。由于可再生能源涉及专业范围较广，标准种类较多，因此我省在标准执行时存在无所适从或无法有效执行的问题。又由于可再生能源在各地区的资源及应用开采条件千差万别，因此各地区只有因地制宜制定具有地方特色的可再生能源建筑应用的专用标准，才能有效推动可再生能源快速、规范、高效的利用。目前四川省在可再生能源建筑应用设计、施工、质量验收、检测评估、运行管理方面的专用标准建设严重滞后于市场发展速度，因此需要进一步完善四川省可再生能源建筑应用标准。

2.1.1.4　本标准体系简述

1. 层次划分

与标准体系的总要求相同，从上到下分为基础标准、通用标准、专用标准。

2. 专业划分

根据工程建设各个环节制定的通用标准，包括规划设计、施工验收、运营管理、检测评价、节能改造 5 个环节。根据通用标准层涉及的不同专业方向的相关技术措施、方法等设定专用标准，5 个专业方向包括围护结构、暖通空调、可再生能源、配电照明、监测与控制。

本标准体系中含有技术标准 179 项，其中，基础标准 7 项，通用标准 21 项，专用标准 151 项；现行标准 121 项，在编标准 23 项，待编标准 35 项。本体系是开放性的，技术标准的名称、内容和数量均可根据需要而适时调整。

2.1.2 建筑节能专业标准体系框图

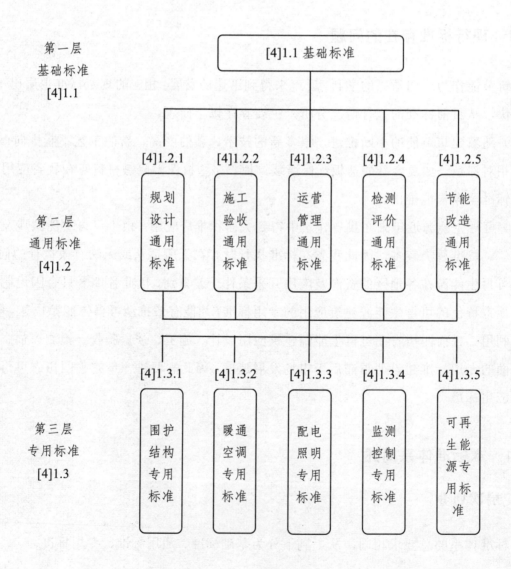

2.1.3 建筑节能专业标准体系表

体系编码	标准名称	标准编号	编制出版状况			备注
			现行	在编	待编	
[4]1.1	**基础标准**					
[4]1.1.1.1	用能设备能量平衡通则	GB/T 2587-2009	√			
[4]1.1.1.2	综合能耗计算通则	GB/T 2589-2008	√			
[4]1.1.1.3	节能监测技术通则	GB/T 15316-2009	√			
[4]1.1.1.4	太阳能热利用术语	GB 12936-2007	√			
[4]1.1.1.5	建筑气候区划标准	GB 50178-93	√			修订
[4]1.1.1.6	建筑节能基本术语标准			√		国标
[4]1.1.1.7	可再生能源建筑应用基本术语标准			√		行标
[4]1.2	**通用标准**					
[4]1.2.1	**建筑节能规划设计通用标准**					
[4]1.2.1.1	民用建筑热工设计规范	GB 50176-93	√			
[4]1.2.1.2	公共建筑节能设计标准	GB 50189-2005	√			
[4]1.2.1.3	严寒和寒冷地区居住建筑节能设计标准	JGJ 26-2010	√			
[4]1.2.1.4	夏热冬暖地区居住建筑节能设计标准	JGJ 75-2012	√			
[4]1.2.1.5	夏热冬冷地区居住建筑节能设计标准	JGJ 134-2010	√			
[4]1.2.1.6	四川省居住建筑节能设计标准	DB51/5027-2012	√			
[4]1.2.2	**建筑节能施工验收通用标准**					
[4]1.2.2.1	建筑节能工程施工质量验收规范	GB 50411-2007	√			
[4]1.2.2.2	四川省民用建筑节能工程施工工艺规程	DBJ51/T010-2012	√			
[4]1.2.2.3	四川省建筑节能施工质量验收规范			√		
[4]1.2.3	**建筑节能运营管理通用标准**					
[4]1.2.3.1	公共机构节约能源资源管理规范			√		地标
[4]1.2.3.2	建筑用能合同能源管理技术规程			√		地标

体系编码	标准名称	标准编号	编制出版状况			备注
			现行	在编	待编	
[4]1.2.3.3	公共建筑设备系统节能运行技术规程				√	地标
[4]1.2.4	**建筑节能检测评价通用标准**					
[4]1.2.4.1	节能建筑评价标准	GB/T 50668-2011	√			
[4]1.2.4.2	建筑能效标识技术标准	JGJ/T 288-2012	√			
[4]1.2.4.3	公共建筑节能检测标准	JGJ/T 177-2009	√			
[4]1.2.4.4	居住建筑节能检测标准	JGJ/T 132-2009	√			
[4]1.2.4.5	四川省民用建筑节能检测评估标准	DBJ51/T017-2013	√			
[4]1.2.4.6	四川省民用建筑能效标识技术标准				√	地标
[4]1.2.5	**既有建筑节能改造通用标准**					
[4]1.2.5.1	公共建筑节能改造技术规范	JGJ 176-2009	√			
[4]1.2.5.2	既有居住建筑节能改造技术规程	JGJ/T 129-2012	√			
[4]1.2.5.3	四川省公共建筑节能改造技术规程			√		地标
[4]1.3	**专用标准**					
[4]1.3.1	**围护结构专用标准**					
[4]1.3.1.1	建筑玻璃 可见光透射比、太阳光直接透射比、太阳能总透射比、紫外线透射比及有关窗玻璃参数的测定	GB/T 2680-1994	√			
[4]1.3.1.2	建筑外门窗气密、水密、抗风压性能分级及检测方法	GB/T 7106-2008	√			
[4]1.3.1.3	建筑外门窗保温性能分级及检测方法	GB/T 8484-2008	√			
[4]1.3.1.4	建筑门窗空气隔声性能分级及检测方法	GB/T 8485-2008	√			
[4]1.3.1.5	建筑外窗采光性能分级及检测方法	GB/T 11976-2002	√			
[4]1.3.1.6	玻璃幕墙光学性能	GB/T 18091-2000	√			
[4]1.3.1.7	建筑幕墙气密、水密、抗风压性能检测方法	GB/T 15227-2007	√			
[4]1.3.1.8	建筑物围护结构传热系数及采暖供热量检测方法	GB/T 23483-2009	√			

体系编码	标准名称	标准编号	编制出版状况			备注
			现行	在编	待编	
[4]1.3.1.9	建筑外墙外保温系统的防火性能试验方法	GB/T 29416-2012	√			
[4]1.3.1.10	建筑遮阳工程技术规范	JGJ 237-2011	√			
[4]1.3.1.11	建筑外墙外保温防火隔离带技术规程	JGJ 289-2012	√			
[4]1.3.1.12	外墙内保温工程技术规程	JGJ/T 261-2011	√			
[4]1.3.1.13	玻璃幕墙工程技术规范	JGJ102-2003	√			
[4]1.3.1.14	建筑门窗玻璃幕墙热工计算规程	JGJ/T151-2008	√			
[4]1.3.1.15	建筑门窗工程检测技术规程	JGJ/T205-2010	√			
[4]1.3.1.16	无机轻集料砂浆保温系统技术规程	JGJ 253-2011	√			
[4]1.3.1.17	蒸压加气混凝土建筑应用技术规程	JGJ/T 17-2008	√			
[4]1.3.1.18	轻型钢丝网架聚苯板混凝土构件应用技术规程	JGJ/T 269-2012	√			
[4]1.3.1.19	现浇混凝土复合膨胀聚苯板外墙外保温技术要求	JG/T 228-2007	√			
[4]1.3.1.20	外墙外保温工程技术规程	JGJ 144-2004	√			
[4]1.3.1.21	建筑外窗气密、水密、抗风压性能现场检测方法	JG/T 211-2007	√			
[4]1.3.1.22	建筑遮阳热舒适、视觉舒适性能与分级	JG/T 277-2010	√			
[4]1.3.1.23	遮阳百叶窗气密性试验方法	JG/T 282-2010	√			
[4]1.3.1.24	建筑遮阳产品遮光性能试验方法	JG/T 280-2010	√			
[4]1.3.1.25	建筑遮阳产品隔热性能试验方法	JG/T 281-2010	√			
[4]1.3.1.26	围护结构传热系数现场检测技术规程			√		行标
[4]1.3.1.27	建筑外窗、遮阳和天窗节能设计规程	DB51/T 5065-2009	√			
[4]1.3.1.28	蒸压加气混凝土砌块墙体自保温工程技术规程	DB51/T 5071-2011	√			
[4]1.3.1.29	水泥基复合膨胀玻化微珠建筑保温系统技术规程	DB51/T 5061-2008	√			

体系编码	标准名称	标准编号	编制出版状况			备注
			现行	在编	待编	
[4]1.3.1.30	EPS 钢丝网架板现浇混凝土外墙外保温系统技术规程	DB51/T 5062-2013	√			
[4]1.3.1.31	烧结复合自保温砖和砌块墙体保温系统技术规程	DBJ51/T 001-2011	√			
[4]1.3.1.32	烧结自保温砖和砌块轻体保温系统技术规程	DBJ51/T 002-2011	√			
[4]1.3.1.33	酚醛泡沫保温板建筑保温系统技术规程	DBJ51/T 023-2012	√			
[4]1.3.1.34	建筑反射隔热涂料应用技术规程	DBJ51/T 021-2013	√			
[4]1.3.1.35	岩棉板建筑保温系统技术规程			√		地标
[4]1.3.1.36	挤塑聚苯板外墙外保温及屋面保温工程技术规程			√		地标
[4]1.3.1.37	保温装饰复合板应用技术规程			√		地标
[4]1.3.1.38	建筑节能门窗应用技术规程			√		地标
[4]1.3.1.39	农村节能建筑烧结自保温砖和砌块墙体保温系统技术规程			√		地标
[4]1.3.1.40	水泥发泡无机保温板应用技术规程			√		地标
[4]1.3.1.41	非透明面板保温幕墙工程技术规程			√		地标
[4]1.3.2	**暖通空调专用标准**					
[4]1.3.2.1	房间空气调节器能效限定值及能效等级	GB 12021.3-2010	√			
[4]1.3.2.2	空气调节系统经济运行	GB/ T17981-2007	√			
[4]1.3.2.3	通风机能效限定值及能效等级	GB/T 19761-2009	√			
[4]1.3.2.4	清水离心泵能效限定值及节能评价值	GB/T 19762-2007	√			
[4]1.3.2.5	单元式空气调节机能效限定值及能源效率等级	GB 19576-2004	√			
[4]1.3.2.6	冷水机组能效限定值及能源效率等级	GB 19577-2004	√			
[4]1.3.2.7	多联式空调（热泵）机组能效限定值及能源效率等级	GB 21454-2008	√			
[4]1.3.2.8	采暖通风与空气调节设计规范	GB 50019-2003	√			
[4]1.3.2.9	城镇燃气设计规范	GB 50028-2006	√			

体系编码	标准名称	标准编号	编制出版状况			备注
			现行	在编	待编	
[4]1.3.2.10	锅炉房设计规范	GB 50041-2008	√			
[4]1.3.2.11	冷库设计规范	GB 50072-2010	√			
[4]1.3.2.12	洁净厂房设计规范	GB 50073-2001	√			
[4]1.3.2.13	通风与空调工程施工质量验收规范	GB 50243-2002	√			
[4]1.3.2.14	工业设备及管道绝热工程设计规范	GB 50264-1997	√			
[4]1.3.2.15	制冷设备、空气分离设备安装工程施工及验收规范	GB 50274-2010	√			
[4]1.3.2.16	城镇燃气技术规范	GB 50494-2009	√			
[4]1.3.2.17	民用建筑供暖通风与空气调节设计规范	GB 50736-2012	√			
[4]1.3.2.18	通风与空调工程施工规范	GB 50738-2011	√			
[4]1.3.2.19	城镇供热管网设计规范	CJJ 34-2010	√			
[4]1.3.2.20	燃气冷热电三联供工程技术规程	CJJ 145-2010	√			
[4]1.3.2.21	蓄冷空调工程技术规程	JGJ 158-2008	√			
[4]1.3.2.22	供热计量技术规程	JGJ 173-2009	√			
[4]1.3.2.23	多联式空调系统工程技术规程	JGJ 174-2010	√			
[4]1.3.2.24	工业建筑采暖通风与空气调节设计规范			√		国标
[4]1.3.2.25	高寒地区民用建筑供暖通风设计标准			√		地标
[4]1.3.3	**配电照明专用标准**					
[4]1.3.3.1	建筑照明设计标准	GB 50034-2004	√			
[4]1.3.3.2	建筑电气工程施工质量验收规范	GB 50303-2002	√			
[4]1.3.3.3	民用建筑电气设计规范	JGJ 16-2008	√			
[4]1.3.3.4	住宅建筑电气设计规范	JGJ 242-2011	√			
[4]1.3.3.5	城市照明节能评价标准	JGJ/T 307-2013	√			
[4]1.3.3.6	节约用电设计规范	DB51/T 1427	√			地标
[4]1.3.3.7	建筑配电节能标准				√	地标

体系编码	标准名称	标准编号	编制出版状况			备注
			现行	在编	待编	
[4]1.3.3.8	电气照明节能设计标准				√	地标
[4]1.3.3.9	建筑设备节能控制与管理标准				√	地标
[4]1.3.3.10	电气设备节能设计标准				√	地标
[4]1.3.4	**监测与控制专用标准**					
[4]1.3.4.1	四川国家机关办公建筑及大型公共建筑楼宇分项计量设计安装技术规程			√		地标
[4]1.3.4.2	四川国家机关办公建筑及大型公共建筑分项能耗数据采集技术规程			√		地标
[4]1.3.4.3	四川国家机关办公建筑及大型公共建筑分项能耗数据传输技术规程			√		地标
[4]1.3.4.4	四川国家机关办公建筑及大型公共建筑能耗动态监测系统建设、验收与运行管理技术规程			√		地标
[4]1.3.4.5	四川国家机关办公建筑及大型公共建筑数据中心建设与维护技术规程			√		地标
[4]1.3.4.6	国家机关办公建筑和大型公共建筑能源审计技术规程				√	地标
[4]1.3.4.7	公共建筑用能定额标准				√	地标
[4]1.3.5	**可再生能源专用标准**					
[4]1.3.5.1	被动式太阳房热工技术条件和测试方法	GB/T 15405-2006	√			
[4]1.3.5.2	家用太阳热水系统热性能试验方法	GB/T 18708-2002	√			
[4]1.3.5.3	太阳热水系统设计、安装及工程验收技术规范	GB/T 18713-2002	√			
[4]1.3.5.4	离网型户用风光互补发电系统 第1部分：技术条件	GB/T 19115.1-2003	√			
[4]1.3.5.5	离网型户用风光互补发电系统 第2部分：试验方法	GB/T 19115.2-2003	√			
[4]1.3.5.6	光伏系统并网技术要求	GB/T 19939-2005	√			
[4]1.3.5.7	家用太阳能热水系统技术条件	GB/T 19141-2011	√			
[4]1.3.5.8	光伏发电站接入电力系统技术规定	GB/T 19964-2012	√			

体系编码	标准名称	标准编号	编制出版状况			备注
			现行	在编	待编	
[4]1.3.5.9	光伏（PV）系统电网接口特性	GB/T 20046-2006	√			
[4]1.3.5.10	光伏系统功率调节器效率测量程序	GB/T 20514-2006	√			
[4]1.3.5.11	家用空气源热泵辅助型太阳能热水系统技术条件	GB/T 23889-2009	√			
[4]1.3.5.12	太阳能光伏照明装置总技术规范	GB 24460-2009	√			
[4]1.3.5.13	离网型风光互补发电系统 运行验收规范	GB/T 25382-2010	√			
[4]1.3.5.14	带电辅助能源的家用太阳能热水系统技术条件	GB/T 25966-2010	√			
[4]1.3.5.15	家用太阳能热水系统能效限定值及能效等级	GB 26969-2011	√			
[4]1.3.5.16	家用分体双回路太阳能热水系统技术条件	GB/T 26970-2011	√			
[4]1.3.5.17	家用分体双回路太阳能热水系统试验方法	GB/T 26971-2011	√			
[4]1.3.5.18	空气源热泵辅助的太阳能热水系统（储水箱容积大于 0.6 m³）技术规范	GB/T 26973-2011	√			
[4]1.3.5.19	独立光伏系统的特性参数	GB/T 28866-2012	√			
[4]1.3.5.20	太阳能热水系统（储水箱容积大于 0.6 m³）控制装置	GB/T 28737-2012	√			
[4]1.3.5.21	带辅助能源的太阳能热水系统（储水箱大于 0.6 m³）技术规范	GB/T 29158-2012	√			
[4]1.3.5.22	独立光伏（PV）系统的特性参数	GB/T 29196-2012	√			
[4]1.3.5.23	光伏发电系统接入配电网技术规定	GB/T 29319-2012	√			
[4]1.3.5.24	光伏发电站太阳跟踪系统技术要求	GB/T 29320-2012	√			
[4]1.3.5.25	光伏发电站无功补偿技术规范	GB/T 29321-2012	√			
[4]1.3.5.26	地源热泵系统工程技术规范（2009 版）	GB 50366-2005	√			
[4]1.3.5.27	太阳能供热采暖工程技术规范	GB 50495-2009	√			
[4]1.3.5.28	民用建筑太阳能热水系统评价标准	GB/T 50604-2010	√			

体系编码	标准名称	标准编号	编制出版状况			备注
			现行	在编	待编	
[4]1.3.5.29	民用建筑太阳能空调工程技术规范	GB 50787-2012	√			
[4]1.3.5.30	光伏发电站接入电力系统设计规范	GB/T 50866-2013	√			
[4]1.3.5.31	光伏发电并网逆变器技术规范	NB/T 32004-2013	√			
[4]1.3.5.32	家用太阳能光伏系统 第1部分：技术条件	NY/T 1146.1-2006	√			
[4]1.3.5.33	家用太阳能光伏系统 第2部分：试验方法	NY/T 1146.2-2006	√			
[4]1.3.5.34	浅层地热能勘查评价规范	DZ/T 0225-2009	√			
[4]1.3.5.35	四川省地源热泵系统工程技术实施细则	DB51/5067-2010	√			
[4]1.3.5.36	成都市地源热泵系统施工质量验收规范	DBJ51/006-2012	√			
[4]1.3.5.37	成都市地源热泵系统性能工程评价标准	DBJ51/T007-2012	√			
[4]1.3.5.38	成都市地源热泵系统设计规程	DBJ51/012-2012	√			
[4]1.3.5.39	成都市地源热泵系统运行管理规程	DBJ51/T011-2012	√			
[4]1.3.5.40	民用建筑太阳能热水系统评价标准			√		地标
[4]1.3.5.41	民用建筑太阳能热水系统与建筑一体化应用技术规程			√		地标
[4]1.3.5.42	太阳能光伏室外照明装置技术要求				√	地标
[4]1.3.5.43	民用建筑太阳能光伏系统设计规范				√	地标
[4]1.3.5.44	民用建筑太阳能光伏系统安装及验收规程				√	地标
[4]1.3.5.45	光伏与建筑一体化系统验收规范				√	地标
[4]1.3.5.46	光伏建筑一体化系统运行与维护规范				√	地标
[4]1.3.5.47	光伏发电系统并网特性评价技术规范				√	地标
[4]1.3.5.48	屋顶光伏发电系统安全要求				√	地标
[4]1.3.5.49	家用太阳能热水系统设计、安装、验收技术规范				√	地标

体系编码	标准名称	标准编号	编制出版状况			备注
			现行	在编	待编	
[4]1.3.5.50	四川省地源热泵系统施工质量验收规范				√	地标
[4]1.3.5.51	四川省地源热泵系统性能工程评价标准				√	地标
[4]1.3.5.52	四川省地源热泵系统设计规程				√	地标
[4]1.3.5.53	四川省地源热泵系统运行管理规程				√	地标
[4]1.3.5.54	四川省深层地热供暖工程设计、施工与验收规程				√	地标
[4]1.3.5.55	四川省深层地热供暖工程运行、维护技术规程				√	地标
[4]1.3.5.56	四川省深层地热供暖动态监测方法				√	地标
[4]1.3.5.57	四川省民用建筑太阳能光热利用设计规程				√	地标
[4]1.3.5.58	四川省民用建筑太阳能光热利用施工质量验收规程				√	地标
[4]1.3.5.59	四川省民用建筑太阳能光热利用运行管理规程				√	地标
[4]1.3.5.60	四川省太阳能制冷空调设计规程				√	地标
[4]1.3.5.61	四川省太阳能制冷空调施工质量验收规程				√	地标
[4]1.3.5.62	四川省太阳能制冷空调运行管理规程				√	地标
[4]1.3.5.63	太阳能热水系统热能计量与监测规范				√	地标
[4]1.3.5.64	四川省太阳能采暖热工技术条件和测试方法				√	地标
[4]1.3.5.65	四川省农村建筑太阳能应用技术条件				√	地标
[4]1.3.5.66	四川省太阳能热水系统安全设计规范				√	地标
[4]1.3.5.67	四川省村镇住宅太阳能采暖应用技术规程				√	地标
[4]1.3.5.68	四川省被动式太阳能建筑技术规范				√	地标

2.1.4 建筑节能专业标准体系项目说明

[4]1.1 基础标准

[4]1.1.1.1 《用能设备能量平衡通则》（GB/T 2587-2009）

本标准规定了用能设备能量平衡模型、能量平衡计算时的基准、能量平衡测试要求，能量平衡测算内容以及能量平衡结果的表示。

[4]1.1.1.2 《综合能耗计算通则》（GB/T 2589-2008）

本标准适用于用能单位能源消耗指标的核算和管理，标准规定了综合能耗的定义和计算方法。

[4]1.1.1.3 《节能监测技术通则》（GB/T 15316-2009）

本标准适用于制定单项节能监测技术标准和其他用能单位的节能监测工作，标准规定了对用能单位的能源利用状况进行监测的通用技术原则。

[4]1.1.1.4 《太阳能热利用术语》（GB 12936-2007）

本标准适用于太阳能热利用标准的制定，技术文件的编制。标准规定了太阳能热利用中有关天文、辐射、部件和系统的相关术语。

[4]1.1.1.5 《建筑气候区划标准》（GB 50178-93）

本标准适用于一般工业与民用建筑的规划、设计与施工，为建筑气候区划标准，含总则、建筑气候区划、建筑气候特征和建筑基本要求等内容。

[4]1.1.1.6 《建筑节能基本术语标准》

在编工程建设国家标准。本标准是为了科学地统一和规范建筑节能基本术语及其定义，实现建筑节能术语的标准化。本标准适用于建筑节能及有关领域，其主要内容包括通用术语，建筑节能技术术语（分为建筑，供暖、通风与空气调节，可再生能源建筑应用，电气、设备与材料），建筑节能管理术语。

[4]1.1.1.7 《可再生能源建筑应用基本术语标准》

在编工程建设行业标准。本标准适用于可再生能源建筑应用标准的制定，技术文件的编制。标准规定了可再生能源建筑应用的相关术语。

[4]1.2 通用标准

[4]1.2.1 建筑节能规划设计通用标准

[4]1.2.1.1 《民用建筑热工设计规范》（GB 50176-93）

本规范适用于新建、扩建和改建的民用建筑热工设计，不适用于地下建筑、室内温湿度有特殊要求和特殊用途的建筑，以及建议的临时性建筑。本规范规定了民用建筑热工设计的一般原则、建筑热工设计的各项控制指标、热工计算方法和关键参数的选取等。

[4]1.2.1.2 《公共建筑节能设计标准》（GB 50189-2005）

本规范适用于新建、扩建和改建的公共建筑节能设计。提出了公共建筑的节能设计原则和设计方法，按不同气候区、不同建筑类型分别提出了建筑节能指标，从建筑围护结构、暖通空调、室内照明以及办公用电等各个方面提出了节能的具体要求。

[4]1.2.1.3 《严寒和寒冷地区居住建筑节能设计标准》（JGJ 26-2010）

本标准适用于严寒和寒冷地区新建、改建和扩建居住建筑的建筑节能设计。主要从建筑、围护结构和暖通空调设计方面提出节能措施和控制指标。

[4]1.2.1.4 《夏热冬暖地区居住建筑节能设计标准》（JGJ 75-2012）

本标准适用于夏热冬暖地区新建、改建和扩建居住建筑的建筑节能设计。主要从建筑、围护结构和暖通空调设计方面提出节能措施和控制指标。

[4]1.2.1.5 《夏热冬冷地区居住建筑节能设计标准》（JGJ 134-2010）

本标准适用于夏热冬冷地区新建、改建和扩建居住建筑的建筑节能设计。主要从建筑、围护结构和暖通空调设计方面提出节能措施和控制指标。

[4]1.2.1.6 《四川省居住建筑节能设计标准》（DB51/5027-2012）

本标准适用于四川省城镇规划区新建、改建和扩建居住建筑的节能设计，对居住建筑的建筑、热工以及采暖、通风和空调设计中能耗指标和节能措施作出了规定。

[4]1.2.2 建筑节能施工验收通用标准

[4]1.2.2.1 《建筑节能工程施工质量验收规范》（GB 50411-2007）

本规范适用于新建、改建和扩建的民用建筑工程中墙体、幕墙、门窗、屋面、地面、采暖、通风与空调、空调与采暖系统的冷热源及管网、配电与照明、监测与控制等建筑节能工程施工质量的验收。

[4]1.2.2.2 《四川省民用建筑节能工程施工工艺规程》（DBJ51/T010-2012）

本规范适用于四川省内新建、改建和扩建的民用建筑节能工程施工工艺，规程内容包括了目前四川省内几种主要类型的围护结构保温工程的施工工艺。

[4]1.2.2.3 《四川省建筑节能施工质量验收规范》

在编四川省工程建设地方标准。本规范适用于四川省内新建、改建和扩建的民用建筑节能工程的施工及质量验收。规范内容包括墙体、幕墙、门窗、屋面、地面、采暖、通风与空调、空调与采暖系统的冷热源及管网、配电与照明、监测与控制等建筑节能工程施工质量的验收。

[4]1.2.3 建筑节能运营管理通用标准

[4]1.2.3.1 《公共机构节约能源资源管理规范》

在编四川省地方标准。本标准适用于四川省行政区域内的公共机构，标准规定了公共机构节约能源资源管理的术语和定义、工作职责、工作范围、宣传培训、监督检查方面的要求。

[4]1.2.3.2 《建筑用能合同能源管理技术规程》

在编四川省工程建设地方标准。本规程适用于四川省采用合同能源管理模式的建筑用能系统，主要内容包括总则、术语、基本规定、用能状况诊断及节能方案设计、合同能源管理项目的实施和节能量认定。

[4]1.2.3.3 《公共建筑设备系统节能运行技术规程》

待编四川省工程建设地方标准。公共建筑单位面积能耗是居住建筑的 5～10 倍，设备的能耗是公共建筑的主要耗能对象，而公共建筑的运营管理是公共建筑节能的重要环节，因此有必要加强公共建筑运营阶段的管理，并从技术层面作出详细的规定。

本规程适用于四川省公共建筑设备监控系统的节能运行管理，内容包括采暖、空调与通风的监控管理和节能运行，建筑给排水的监控管理与节能运行，供配电系统的监控管理和节能运行，照明系统的监控管理和节能运行，电梯系统的监控管理和节能运行，计量装置和数据统计分析，公共建筑设备节能运行分析。

[4]1.2.4 建筑节能检测评价通用标准

[4]1.2.4.1 《节能建筑评价标准》（GB/T 50668-2011）

本标准适用于新建、扩建、改建居住建筑和公共建筑的节能评价，节能建筑的评价包括建筑及用能系统，涵盖设计和运营两个阶段。

[4]1.2.4.2 《建筑能效标识技术标准》（JGJ/T 288-2012）

本标准适用于新建、扩建、改建居住建筑和公共建筑的能效标识，主要内容包括总则、术语、基本规定、测评与评估方法、居住建筑能效测评、公共建筑能效测评、居住建筑能效实测评估、公共建筑能效实测评估、建筑能效标识报告。

[4]1.2.4.3 《公共建筑节能检测标准》（JGJ/T 177-2009）

本标准适用于新建、既有公共建筑的节能验收，公共建筑外围护结构，建筑用能系统的单项和多项节能性能的检测，鉴定及评估等。

[4]1.2.4.4 《居住建筑节能检测标准》（JGJ/T 132-2009）

本标准适用于新建、扩建、改建居住建筑的节能检测，标准规定了居住建筑节能检测的基本技术要求。

[4]1.2.4.5 《四川省民用建筑节能检测评估标准》（DBJ 51/T017-2013）

本标准适用于四川省新建、扩建、改建民用建筑的节能检测评估，标准规定了民用建筑节能检测评估的基本技术要求。

[4]1.2.4.6 《四川省民用建筑能效标识技术标准》

待编四川省工程建设地方标准。能效标识被称之为"建筑节能身份证"，是我国建筑节能监管的一项制度设计。能效标识能够真实客观反映建筑能耗水平，它对推动建筑节能技术创新、促进高节能建筑发展、弥补建筑节能市场机制失灵的不足具有重要意义。我省目前建筑节能工作重在设计、施工阶段监管，缺乏对建筑竣工后及运行阶段实际效果进行有效的评价与验证，因此有必要编制该标准，对施工完后的建筑能否达到节能标准进行有效评价。

[4]1.2.5 既有建筑节能改造通用标准

[4]1.2.5.1 《公共建筑节能改造技术规范》（JGJ 176-2009）

本规范适用于各类公共建筑的外围护结构、用能设备及系统等方面的节能改造，对公共建筑进行节能改造时的节能诊断、节能改造判定原则和方法、进行节能改造的具体措施和方法及节能改造评估等内容进行了规定。

[4]1.2.5.2 《既有居住建筑节能改造技术规程》（JGJ/T 129-2012）

本规范适用于各气候区既有居住建筑进行改善围护结构保温、隔热性能以及提高供暖空调设备（系统）能效，降低供暖空调设备的运行能耗范围的节能改造。

[4]1.2.5.3 《四川省公共建筑节能改造技术规程》

在编四川省工程建设地方标准。本规程适用于四川省公共建筑的节能改造，其内容包括节能诊断、节能改造判定原则和方法、进行节能改造的具体措施和方法及节能改造评估等。

[4]1.3 专用标准

[4]1.3.1 围护结构专用标准

[4]1.3.1.1 《建筑玻璃 可见光透射比、太阳光直接透射比、太阳能总透射比、紫外线透射比及有关窗玻璃参数的测定》（GB/T 2680-1994）

本标准规定了建筑玻璃可见光透射（反射）比、太阳光直接透射（反射、吸收）比、太阳能总透射比、紫外线透射（反射）比、半球辐射率和遮蔽系数的测定条件和计算公式。本标准适用于建筑玻璃以及它们的单层、多层窗玻璃构件光学性能的测定。

[4]1.3.1.2 《建筑外门窗气密、水密、抗风压性能分级及检测方法》（GB/T 7106-2008）

本标准规定了建筑外门窗气密、水密及抗风压性能的术语和定义、分级、检测装置、检测准备、气密性能检测、水密性能检测、抗风压性能检测及检测报告。本标准适用于建筑外窗及外门的气密、水密、抗风压性能分级及试验室检测。检测对象只限于门窗试件本身，不涉及门窗与其他结构之间的接缝部位。

[4]1.3.1.3 《建筑外门窗保温性能分级及检测方法》（GB/T 8484-2008）

本标准规定了建筑外门、外窗保温性能分级及检测方法。本标准适用于建筑外门、外窗（包括天窗）传热系数和抗结露因子的分级及检测。有保温要求的其他类型的建筑门、窗和玻璃可参照执行。

[4]1.3.1.4 《建筑门窗空气隔声性能分级及检测方法》（GB/T 8485-2008）

本标准规定了建筑门窗空气声隔声性能分级及检测方法和检测报告。本标准适用于建筑门窗空气声隔声性能分级及检测。其他有隔声要求的门窗可参照使用。

[4]1.3.1.5 《建筑外窗采光性能分级及检测方法》（GB/T 11976-2002）

本标准规定了建筑外窗采光性能分级及检测方法。本标准适用于各种框用材料和透光材料的建筑外窗，以及各种采光板和采光罩。

[4]1.3.1.6 《玻璃幕墙光学性能》（GB/T 18091-2000）

本标准规定了玻璃幕墙的有害光反射及相关光学性能指标、技术要求、试验方法和检验规则。本标准适用于玻璃幕墙。

[4]1.3.1.7 《建筑幕墙气密、水密、抗风压性能检测方法》（GB/T 15227-2007）

本标准规定了建筑幕墙气密、水密及抗风压性能检测方法的术语和定义、检测及检测报告。本标准适用于建筑幕墙气密、水密及抗风压性能的检测。检测对象只限于幕墙试件本身，不涉及幕墙与其他结构之间的接缝部位。

[4]1.3.1.8 《建筑物围护结构传热系数及采暖供热量检测方法》（GB/T 23483-2009）

本标准适用于建筑物围护结构主体部位传热系数及采暖供热量的检测，标准规定了建筑物围护结构传热系数及采暖供热量的术语和定义、检测条件、检测装置、检测方法、数据处理和检测报告。

[4]1.3.1.9 《建筑外墙外保温系统的防火性能试验方法》（GB/T 29416-2012）

[4]1.3.1.10 《建筑遮阳工程技术规范》（JGJ 237-2011）

本规范适用于新建、扩建和改建的民用建筑遮阳工程的设计、施工安装、验收与维护。

规范主要内容包括总则、术语、基本规定、建筑遮阳设计、结构设计、机械与电气设计、施工安装、工程验收、保养和维护。

[4]1.3.1.11 《建筑外墙外保温防火隔离带技术规程》（JGJ 289-2012）

本规程适用于民用建筑外墙外保温工程防火隔离带的设计、施工和验收。

[4]1.3.1.12 《外墙内保温工程技术规程》（JGJ/T 261-2011）

本规程适用于以混凝土或砌体为基层墙体的新建、扩建和改建居住建筑外墙内保温工程的设计、施工及验收。

[4]1.3.1.13 《玻璃幕墙工程技术规范》（JGJ 102-2003）

为使玻璃幕墙工程做到安全适用、技术先进、经济合理，制定本规范。本规范适用于非抗震设计和抗震设防烈度为 6，7，8 度抗震设计的民用建筑玻璃幕墙工程的设计、制作、安装施工、工程验收，以及保养和维修。

[4]1.3.1.14 《建筑门窗玻璃幕墙热工计算规程》（JGJ/T151-2008）

本规程适用于建筑外围护结构中使用的门窗和玻璃幕墙的传热系数、遮阳系数、可见光透射比以及结露性能评价的计算。

[4]1.3.1.15 《建筑门窗工程检测技术规程》（JGJ/T205-2010）

本标准规定了建筑门窗工程检测的基本技术要求。本规程适用于新建、扩建和改建建筑门窗工程质量检测和既有建筑门窗性能检测，不适用于建筑门窗防火、防盗等特殊性能检测。

[4]1.3.1.16 《无机轻集料砂浆保温系统技术规程》（JGJ 253-2011）

本规程适用于以混凝土和砌体为基层墙体的民用建筑工程中，采用无机轻集料砂浆保温系统的墙体保温工程的设计、施工及验收。

[4]1.3.1.17 《蒸压加气混凝土建筑应用技术规程》（JGJ/T 17-2008）

本规程适用于在抗震设防烈度为 8 度及 8 度以下地区采用蒸压加气混凝土砌块墙体自保温系统的建筑工程，对蒸压加气混凝土砌块及其配套材料和砌体的性能，以及墙体自保温工程的设计、施工及验收作了规定。

[4]1.3.1.18 《轻型钢丝网架聚苯板混凝土构件应用技术规程》（JGJ/T 269-2012）

本规程适用于抗震设防烈度 8 度及以下、建筑高度 10 m 及以下、层数 3 层及以下的房屋承重墙体构件和楼板（屋面板）构件的设计和施工，也适用于一般工业和民用建筑的非承重墙体构件应用。本规程不适用于长期处于潮湿或有腐蚀介质环境的构件应用。

[4]1.3.1.19 《现浇混凝土复合膨胀聚苯板外墙外保温技术要求》（JG/T 228-2007）

本标准适用于采用外模内置膨胀聚苯板现浇混凝土的外墙外保温系统产品。标准规定了外模内置膨胀聚苯板现浇混凝土外墙外保温系统的术语和定义、分类、要求、试验方法、检验规则、标志、包装、运输和贮存。

[4]1.3.1.20 《外墙外保温工程技术规程》（JGJ 144-2004）

本规程适用于新建居住建筑的混凝土和砌体结构外墙外保温工程。本规程EPS板薄抹灰、胶粉EPS颗粒保温浆料、EPS板现浇混凝土、EPS钢丝网架板现浇混凝土和机械固定EPS钢丝网架板外墙外保温系统的性能要求，用于检查各项性能的检验方法以及对于设计和施工的相应规定。

[4]1.3.1.21 《建筑外窗气密、水密、抗风压性能现场检测方法》（JG/T211-2007）

本标准规定了建筑外窗气密、水密、抗风压性能现场检测方法的性能评价及分级、现场检测、检测结果的评定、检测报告。本标准适用于已安装的建筑外窗气密、水密及抗风压性能的现场检测，检测对象除建筑外窗本身还可包括其安装连接部位，建筑外门可参照本标准。本标准不适用于建筑外窗产品的型式检验。

[4]1.3.1.22 《建筑遮阳热舒适、视觉舒适性能与分级》（JG/T277-2010）

本标准规定了建筑遮阳产品热舒适和视觉舒适的术语、定义和符号，热舒适和视觉舒适的性能与分级。本标准适用于遮蔽建筑外围护结构透明部分的、除与玻璃窗不平行之外（如曲臂遮阳篷）的各种建筑遮阳产品。本标准不适用于使用荧光材料的遮阳产品。

[4]1.3.1.23 《遮阳百叶窗气密性试验方法》（JG/T282-2010）

本标准规定了遮阳百叶窗气密性试验方法的术语和定义、试验方法、试验报告。本标准适用于对气密性有要求的百叶窗。

[4]1.3.1.24 《建筑遮阳产品遮光性能试验方法》（JG/T280-2010）

本标准规定了建筑遮阳产品遮光性能试验的术语和定义、试验方法和试验报告。本标准适用于建筑遮阳软卷帘、建筑遮阳百叶帘产品和内置遮阳中空玻璃制品。

[4]1.3.1.25 《建筑遮阳产品隔热性能试验方法》（JG/T281-2010）

本标准规定了建筑遮阳产品隔热性能试验方法的术语和定义、试验方法、试验报告。本标准适用于除遮阳篷、遮阳板以外的建筑遮阳产品隔热性能的试验。

[4]1.3.1.26 《围护结构传热系数现场检测技术规程》

在编工程建设行业标准。适用于围护结构现场传热系统的检测，规程中采用了红外热像检测技术作为辅助，实现了现场为围护结构传热系统的快速检测。

[4]1.3.1.27 《建筑外窗、遮阳和天窗节能设计规程》（DB 51/T5065-2009）

本规程适用于新建、改建和扩建的民用建筑工程中外窗（或玻璃幕墙）、遮阳及天窗的建筑节能设计。

[4]1.3.1.28 《蒸压加气混凝土砌块墙体自保温工程技术规程》（DB 51/T5071-2011）

本规程适用于在抗震设防烈度为 8 度及 8 度以下地区采用蒸压加气混凝土砌块墙体自保温系统的建筑工程，对蒸压加气混凝土砌块及其配套材料和砌体的性能，以及墙体自保温工程的设计、施工及验收作了规定。

[4]1.3.1.29 《水泥基复合膨胀玻化微珠建筑保温系统技术规程》（DB51/T5061-2008）

本规程适用于新建、改建和扩建的居住建筑与公共建筑的墙体、楼地面采用水泥基复合膨胀玻化微珠建筑保温系统的建筑保温工程，对水泥基复合膨胀玻化微珠建筑保温系统及其组成材料的性能、设计、施工和验收作出了规定。

[4]1.3.1.30 《EPS 钢丝网架板现浇混凝土外墙外保温系统技术规程》（DB51/T5062-2013）

本规程适用于建筑外墙为现浇混凝土墙体且外墙模板采用大模板的建筑外墙外保温工程，对 EPS 钢丝网架板现浇混凝土外墙外保温系统的组成材料性能、设计、施工和验收作出了规定。

[4]1.3.1.31 《烧结复合自保温砖和砌块墙体保温系统技术规程》（DBJ51/T001-2011）

本规程适用于四川省夏热冬冷地区和温和地区且抗震设防烈度为 8 度及 8 度以下民用建筑中的自承重墙体。规定了烧结复合自保温砖和砌块墙体保温系统的材料性能、结构设计、构造措施、建筑热工设计、施工和质量验收。

[4]1.3.1.32 《烧结自保温砖和砌块轻体保温系统技术规程》（DBJ51/T002-2011）

本规程适用于四川省夏热冬冷地区和温和地区且抗震设防烈度为 8 度及 8 度以下民用建筑中的自承重墙体。规定了烧结自保温砖和砌块墙体保温系统的材料性能、结构设计、构造措施、建筑热工设计、施工和质量验收。

[4]1.3.1.33 《酚醛泡沫保温板建筑保温系统技术规程》（DBJ51/T023-2012）

本规程适用于新建、扩建（改建）的居住建筑与公共建筑采用酚醛泡沫保温板外墙外保温系统的建筑保温工程。

[4]1.3.1.34 《建筑反射隔热涂料应用技术规程》

本规程适用于四川省温和地区和夏热冬冷地区新建、改建和扩建的民用建筑外墙与屋面采用反射隔热涂料饰面工程的设计、施工及验收，工业建筑的外墙与屋面采用建筑反射隔热涂料饰面工程的设计、施工及验收，可参照本规程执行。

[4]1.3.1.35 《岩棉板建筑保温系统技术规程》

本规程适用于四川省内岩棉板建筑保温系统的设计、施工过程质量控制和质量验收。

[4]1.3.1.36 《挤塑聚苯板外墙外保温及屋面保温工程技术规程》

本规程适用于四川省内新建、改建和扩建的民用与工业建筑应用挤塑聚苯板作外墙外保温和屋面保温工程的设计、施工和验收。

[4]1.3.1.37 《保温装饰复合板应用技术规程》

本规程适用于四川地区新建、扩建和改建的民用建筑及既有民用建筑节能改造工程中，采用保温装饰复合板外墙保温工程的设计、施工及验收。

[4]1.3.1.38 《建筑节能门窗应用技术规程》

本规程适用于四川省民用建筑节能门窗的设计、施工、验收。主要内容包括总则、术语、基本规定、性能要求、设计、施工、工程验收。

[4]1.3.1.39 《农村节能建筑烧结自保温砖和砌块墙体保温系统技术规程》

本规程适用于四川省农村地区烧结自保温砖和砌块墙体保温系统，规定了烧结复合自保温砖和砌块墙体保温系统的材料性能、结构设计、构造措施、建筑热工设计、施工和质量验收。

[4]1.3.1.40 《水泥发泡无机保温板应用技术规程》

本规程适用于四川省行政区域内新建、改建和扩建的民用与工业建筑应用水泥发泡无机保温板作屋面、墙体、楼地面及防火门等节能保温工程的设计、施工和验收。本规程主要技术内容包括总则、术语、基本规定、性能要求、设计、施工、工程验收、附录及条文说明。

[4]1.3.1.41 《非透明面板保温幕墙工程技术规程》

适用于非透明面板保温幕墙在四川地区新建、改建和扩建的民用建筑保温幕墙工程的设计、施工与质量验收。主要内容包括总则、术语、基本规定、性能要求、设计、施工、工程验收。

[4]1.3.2 暖通空调专用标准

[4]1.3.2.1 《房间空气调节器能效限定值及能效等级》（GB 12021.3-2010）

本标准规定了房间空气调节器的能效限定值、节能评价值、能效等级的判定方法、试验方法及检验规则。本标准适用于采用空气冷却冷凝器、全封闭型电动机、压缩机，制冷量在 14 000 W 及以下，气候类型为 T1 的空调器。本标准不适用于移动式、转速可控型、多联式空调机组。主要内容包括范围、规范性引用文件、术语和定义、能效限定值、能效等级的判定方法、节能评价值、试验方法、检验规则、能效等级标注。

[4]1.3.2.2 《空气调节系统经济运行》（GB/ T17981-2007）

本标准规定了空气调节系统经济运行的基本要求、评价指标与方法以及节能管理。本标准适用于公共建筑（包括采用集中空调系统的居住建筑）中使用的空调系统。主要内容包括范围、规范性引用文件、术语和定义、空调系统经济运行的基本要求、空调系统经济运行的评价指标与方法、节能管理、附录。

[4]**1.3.2.3** 《通风机能效限定值及能效等级》（GB/T 19761-2009）

本标准规定了通风机的能效等级、能效限定值、节能评价值及试验方法。本标准适用于一般用途的离心式和轴流式通风机、工业蒸汽锅炉用离心引风机、电站锅炉离心送风机和引风机、电站轴流式通风机、空调离心式通风机。本标准不适用于射流式通风机、横流式通风机、屋顶风机等特殊结构和特殊用途的通风机。主要内容包括范围、规范性引用文件、术语和定义、技术要求、试验方法。

[4]**1.3.2.4** 《清水离心泵能效限定值及节能评价值》（GB/T 19762-2007）

本标准规定了清水离心泵的基本要求、泵效率、泵能效限定值、泵目标能效限定值、泵节能评价值。本标准适用于单级单吸清水离心泵、单级双吸清水离心泵、多级清水离心泵。本标准不适用于其他类型泵。主要内容包括范围、规范性引用文件、术语和定义、基本要求、泵效率、泵能效限定值、泵目标能效限定值、泵节能评价值、附录。

[4]**1.3.2.5** 《单元式空气调节机能效限定值及能源效率等级》（GB 19576-2004）

本标准规定了单式空气调节机动性能源效率限定值、节能评价值、能源效率等级、试验方法和检验规则。本标准适用于名义制冷量大于 7 100 W、采用电机驱动压缩机的单式空气调节机、风管送风式和屋顶式空调机组。本标准不包括多联式空调（热泵）机组和变频空调机。主要内容包括范围、规范性引用文件、术语和定义、能源效率限定值、能源效率评定方法、能源效率的试验方法、检验规则、能源效率等级标注。

[4]**1.3.2.6** 《冷水机组能效限定值及能源效率等级》（GB 19577-2004）

本标准规定了冷水机组能源效率限定值、能源效率等级、节能评价值、试验方法和检验规则。本标准适用于电机驱动缩机的蒸汽压缩循环冷水（热泵）机组。主要内容包括范围、规范性引用文件、术语和定义、能源效率限定值、能源效率评定方法、能源效率的试验方法、检验规则、能源效率等级标注。

[4]**1.3.2.7** 《多联式空调（热泵）机组能效限定值及能源效率等级》（GB 21454-2008）

本标准规定了多联式空调（热泵）机组的制冷综合性能系数 [IPLV(C)] 限定值、节能评价值、能源效率等级的判定方法、试验方法及检验规则。本标准适用于气候类型为 T1 的多联式空调（热泵）机组，不适用于双制冷循环系统和多制冷循环系统的机组。主要内容包括范围、规范性引用文件、术语和定义、能效限定值、能源效率等级的判定方法、节能评价值、试验方法、检验规则、能源效率等级标注、超前性能效指标、附录。

[4]1.3.2.8 《采暖通风与空气调节设计规范》（GB 50019-2003）

本规范适用于新建、扩建和改建的民用和工业建筑的采暖、通风与空气调节设计。本规范不适用于有特殊用途、特殊净化与防护要求的建筑物、洁净厂房以及临时性建筑物的设计。主要内容包括总则、术语、室内外计算参数、采暖、通风、空气调节、空气调节冷热源、监测与控制、消声与隔振、附录。

[4]1.3.2.9 《城镇燃气设计规范》（GB 50028-2006）

本标准适用于向城市、乡镇或居民点供给居民生活、商业、工业企业生产、采暖通风和空调等各类用户作燃料用的新建、扩建或改建城镇燃气工程设计。本规范不适用于城镇燃气门站以前的长距离输气管道工程、工业企业自建供生产工艺用且燃气质量不符合本规范质量要求的燃气工程设计，但自建供生产工艺用且燃气质量符合本规范要求的燃气工程设计，可按本规范执行。工业企业内部自供燃气给居民使用时，供居民使用的燃气质量和工程设计应按本规范执行。本规范不适用于海洋和内河轮船、铁路车辆、汽车等运输工具上的燃气装置设计。主要内容包括总则、术语、用气量和燃气质量、制气、净化、燃气输配系统、压缩天然气供应、液化石油气供应、液化天然气供应、燃气的应用、附录。

[4]1.3.2.10 《锅炉房设计规范》（GB 50041-2008）

本规范适用于下列范围内的工业、民用、区域锅炉房及其室外热力管道设计：

1. 以水为介质的蒸汽锅炉房，其单台锅炉额客蒸发量为 1～75 t/h，额定出口蒸汽压力为 0.10～3.82 MPa（表压），额定出口蒸汽温度小于等于 450℃；

2. 热水锅炉房，其单台锅炉额定热功率为 0.7～70 MW，额定出口水压为 0.10～2.50 MPa（表压），额定出口水温小于等于 180℃；

3. 符合以上两款参数的室外蒸汽管道、凝结水管道和闭式循环热水系统。

本规范不适用于余热锅炉、垃圾焚烧锅炉和其他特殊类型锅炉的锅炉房和城市热力网设计。

主要内容包括：总则，术语，基本规定，锅炉房的布置，燃煤系统，燃油系统，燃气系统，锅炉烟风系统，锅炉给水设备和水处理，供热热水制备，监测和控制，化验和检修，锅炉房管道，保温和防腐蚀，土建、电气、采暖通风和给水排水，环境保护，消防，室外热力管道，附录。

[4]1.3.2.11 《冷库设计规范》（GB 50072-2010）

本规范适用于采用氨、氢氟烃及其混合物为制冷剂的蒸汽压缩式制冷系统，以钢筋混凝土或砌体结构为主体结构的新建、改建、扩建的冷库，不适用于山洞冷库、装配式冷库、气调库。主要内容包括总则、术语、基本规定、建筑、结构、制冷、电气、给水和排水、采暖通风和地面防冻、附录。

[4]1.3.2.12 《洁净厂房设计规范》（GB 50073-2001）

本规范适用于新建、扩建和改建洁净厂房的设计。主要内容包括总则、术语、空气洁净度等级、总体设计、建筑、空气净化、给水排水、气体管道、电气、附录。

[4]1.3.2.13 《通风与空调工程施工质量验收规范》（GB 50243-2002）

本规范适用于建筑工程通风与空调工程施工质量的验收。主要内容包括总则、术语、基本规定、风管制作、风管部件与消声器制作、风管系统安装、通风与空调设备安装、空调制冷系统安装、空调水系统管道与设备安装、防腐与绝热、系统调试、竣工验收、综合效能的测定与调整、附录。

[4]1.3.2.14 《工业设备及管道绝热工程设计规范》（GB 50264-1997）

本规范适用于工业设备及管道外表面温度为 196℃～850℃ 的绝热工程的设计。本规范不适用于核能、航空、航天系统有特殊要求的设备及管道，以及建筑、冷库和埋地管道的绝热工程的设计。主要内容包括总则、术语和符号、基本规定、绝热材料的选择、绝热计算、绝热结构设计、附录。

[4]1.3.2.15 《制冷设备、空气分离设备安装工程施工及验收规范》（GB 50274-2010）

本规范适用于下列制冷设备和空气分离设备安装工程的施工及验收：

1. 活塞式、螺杆式、离心式压缩机为主机的压缩式制冷设备，溴化锂吸收式制冷机组和组合冷库；

2. 低温法制取氧、氮和稀有气体的空气分离设备。

主要内容包括总则、制冷设备、空气分离设备、工程验收、附录。

[4]1.3.2.16 《城镇燃气技术规范》（GB 50494-2009）

本规范适用于城镇燃气设施的建设、运行维护和使用。主要内容包括总则、术语、基本性能规定、燃气质量、燃气厂站、燃气管道和调压设施、燃气汽车运输、燃具和用气设备等。

[4]1.3.2.17 《民用建筑供暖通风与空气调节设计规范》（GB 50736-2012）

2012 年颁布的《民用建筑供暖通风与空气调节设计规范》对《采暖通风与空气调节设计规范》中部分条款进行了修订，在此基础上制定了适用于民用建筑的暖通设计规范。

本规范适用于新建、改建和扩建的民用建筑的供暖、通风与空气调节设计，不适用于有特殊用途、特殊净化与防护要求的建筑物以及临时性建筑物的设计。主要内容包括总则、术语、室内空气设计参数、室外设计计算参数、供暖、通风、空气调节、冷源与热源、检测与监控、消声与隔振、绝热与防腐、附录。

[4]1.3.2.18 《通风与空调工程施工规范》（GB 50738-2011）

本规范适用于建筑工程中通风与空调工程的施工安装。主要内容包括总则、术语、基本规定、金属风管与配件制作、非金属与复合风管及配件制作、风阀与部件制作、支吊架制作与安装、风管与部件安装、空气处理设备安装、空调冷热源与辅助设备安装、空调水系统管道与附件安装、空调制冷剂管道与附件安装、防腐与绝热、监测与控制系统安装、监测与试验；通风与空调系统试运行与调试等。

[4]1.3.2.19 《城镇供热管网设计规范》（CJJ 34-2010）

本规范适用于供热热水介质设计压力小于或等于 2.5 MPa，设计温度小于或等于 200℃；供热蒸汽介质设计压力小于或等于 1.6 MPa，设计温度小于或等于 350℃ 的下列城镇供热管网的设计：

1. 以热电厂或锅炉房为热源，自热源至建筑物热力入口的供热管网；

2. 供热管网新建、扩建或改建的管线、中继泵站和热力站等工艺系统。

主要内容包括总则、术语和符号、耗热量、供热介质、供热管网形式、供热调节、水力计算、管网布置与敷设、管道应力计算与作用力计算、中继泵站与热力站、保温与防腐涂层、供配电与照明、热工检测与控制、街区热水供热管网等。

[4]1.3.2.20 《燃气冷热电三联供工程技术规程》（CJJ 145-2010）

本规程适用于以燃气为一次能源，发电机总容量小于或等于 15 MW，新建、改建、扩建的供应冷、热、电能的分布式能源系统的设计、施工、验收和运行管理。主要内容包括总则、术语、系统配置、能源站、燃气系统及设备、供配电系统及设备、余热利用系统及设备、监控系统、施工与验收、运行管理等。

[4]1.3.2.21 《蓄冷空调工程技术规程》（JGJ 158-2008）

本规程适用于新建、改建、扩建的工业与民用建筑的蓄冷空调工程的设计、施工、调试、验收及运行管理。本规程不适用于共晶盐蓄冷空调系统及季节性蓄冷空调系统。本规程不适用于共晶盐蓄冷空调系统及季节性蓄冷空调系统。主要内容包括总则，术语，设计，施工安装，调试、检测及验收，蓄冷空调系统的运行管理。

[4]1.3.2.22 《供热计量技术规程》（JGJ 173-2009）

本规程适用于民用建筑集中供热计量系统的设计、施工、验收和节能改造。主要内容包括总则、术语、基本规定、热源和热力站热计量、楼栋热计量、分户热计量及室内供暖系统等。

[4]1.3.2.23 《多联机空调系统工程技术规程》（JGJ 174-2010）

本规程适用于在新建、改建、扩建的工业与民用建筑中，以变制冷剂流量多联分体式空调机组为主要冷热源的空调工程的设施工及验收。主要内容包括总则，术语，设计，设备与材料，施工与安装，调试运转、校验及验收，附录。

[4]**1.3.2.24**　《工业建筑采暖通风与空气调节设计规范》

《工业建筑采暖通风与空气调节设计规范》是对《采暖通风与空气调节设计规范》（GB 50019）的全面修订。

本规范适用于新建、扩建和改建的工业建筑物及构筑物的供暖、通风与空气调节设计。本规范不适用于有特殊用途、特殊净化与防护要求的建筑物、洁净厂房以及临时性建筑物的设计。主要内容包括总则，术语，室内空气设计参数，室外设计计算参数，供暖，通风，除尘与有害气体净化，空气调节，冷源与热源，井筒保温及深热井供冷，检测、监视与控制，消声与隔振，绝热与防腐，附录。

[4]**1.3.2.25**　《高寒地区民用建筑供暖通风设计标准》

在编四川省工程建设地方标准。本标准适用于四川省高寒地区新建、扩建和改建的民用建筑的供暖通风设计。主要技术内容：

1. 在对我省高寒地区进行大量的现场调查、测试和资料收集的基础上，针对该地区独特的气候特点、建筑特征、热负荷特性和能源状况，重点研究适宜于该地区的供暖通风方式和系统形式，其中包括各种供暖和通风系统的设计方法、技术措施以及设计参数等；

2. 太阳能热水/热风系统的设计形式和技术要求；

3. 其他热源形式包括空气源热泵、热水锅炉的适用条件和范围；

4. 各种系统的检测和监控方法；

5. 针对不同的建筑类型，探讨该地区集中供暖和分户采暖的适宜性。

[4]**1.3.3　配电照明专用标准**

[4]**1.3.3.1**　《建筑照明设计标准》（GB 50034-2004）

本规范适用于新建、改建和扩建的居住、公共和工业建筑的照明设计。主要内容包括照明方式和照明种类、照明光源选择、照明灯具及其附属装置选择、照明节能评价、照明数量和质量、照明标准值、照明节能、照明配电及控制、照明管理与监督等。

[4]**1.3.3.2**　《建筑电气工程施工质量验收规范》（GB 50303-2002）

本规范适用于满足建筑物预期使用功能要求的电气安装工程施工质量验收。适用电压等级为 10 kV 及以下。主要内容包括主要设备、材料、半成品进场验收，工序交接确认，架空线路及杆上电气设备安装，变压器、箱式变电所安装，成套配电柜、控制柜（屏、台）

和动力、照明配电箱（盘）安装，低压电动机/电加热器及电动这些执行机构检查接线，柴油发电机组安装，不间断电源安装，低压电气动力设备试验和试运行，裸母线、封闭母线、插接式母线安装，电缆桥安装和桥架内电缆敷设，电缆沟内和电缆竖井内电缆敷设，电线导管、电缆导管和线槽敷设，电线、电缆穿管和线槽敷线，槽板配线，钢索配线，电缆头制作、接线和线缘测试，普通灯具安装，专用灯具安装，建筑物景观照明灯、航空障碍标志灯和庭院灯安装，开关、插座、风扇安装，建筑物照明通电试运行，接地装置安装，避雷引下线与变配电室接地干线敷设，接闪器安装，建筑物等电位联结，分部（子分部）工程验收等。

[4]**1.3.3.3** 《民用建筑电气设计规范》（JGJ 16-2008）

本规范适用于城镇新建、改建和扩建的单体及群体民用建筑的电气设计，不适用于人防工程的电气设计。规范要求：民用建筑电气设计应采用各项节能措施，推广应用节能型设备，降低电能消耗。主要内容包括供配电系统，配变电所，继电保护及电气测量，自备应急电源，低压配电，配电线路布线系统，常用设备电气装置，电气照明，民用建筑物防雷，接地及安全，火灾自动报警与联动控制，安全技术防范，有线电视和卫星电视，广播、扩声与会议系统，呼应信号及信息显示，建筑设备监控系统，计算机网络系统，通信网络系统，综合布线系统，电磁兼容，电子信息设备机房，锅炉房热工检测与控制，住宅（小区）电气设计等。

[4]**1.3.3.4** 《住宅建筑电气设计规范》（JGJ 242-2011）

本规范适用于城镇新建、改建和扩建的住宅建筑的电气设计，不适用于住宅建筑附设防空地下室工程的电气设计。主要内容包括供配电系统、配变电所、自备电源、低压配电、配电线路布线系统、常用设备电气装置、电气照明、防雷与接地、信息设施系统、信息化应用系统、建筑设备管理系统、公共安全系统、机房工程等。

[4]**1.3.3.5** 《城市照明节能评价标准》（JGJ/T 307-2013）

评价指标体系包括以下七大指标：城市照明管理体系建设、照明质量、节能与能源利用、节材与材料资源利用、安全、环境保护、运营管理。

指标中的具体指标分为控制项、一般项、优选项三类。其中控制项为评价城市照明实现节能的必备条款，对符合性要求较高，对应扣分值大；一般项主要指评价实现节能水平程度的指标，视不同水平对应不同扣分值；优选项主要指评价实现节能水平程度的优秀指标，视不同水平对应不同加分值。

城市照明实现项目节能的评价采用基本分+加减分制，即基本分为 100 分，达不到相应指标要求则扣除相应分值，部分指标优异则加相应分值，以最终得分评价节能成效。

[4]1.3.3.6 《节约用电设计规范》（DB51/T 1427）

本标准适用于新建和改建的工业与民用建筑，以及户外设施的 10 kV 及以下配电系统和用电设备的应用设计。标准规定了配电系统、配电变压器、配电线路、电动机及调速系统、电加热设备、照明节约用电设计的技术要求、设计要点和选型应用要求。

[4]1.3.3.7 《建筑配电节能标准》

待编四川省工程建设地方标准。建筑配电节能是建筑节能的重要内容，目前四川省尚无该标准。标准内容包括供配电系统、用电设备及智能控制等方面的节能。供配电系统的节能主要包括变压器的节能和供配电线路的节能；用电设备的节能主要包括照明系统的节能和动力设备系统的节能。

[4]1.3.3.8 《电气照明节能设计标准》

待编四川省工程建设地方标准。现有国家标准图集《电气照明节能设计》（06DX008-1），但无相关标准，故应编制此标准。主要内容包括照明硬件（光源、灯具、节能镇流器等）及控制软件的选用与设计等。

[4]1.3.3.9 《建筑设备节能控制与管理标准》

待编四川省工程建设地方标准。现有国家标准图集《建筑设备节能控制与管理》（09CDX008-3），但无相关标准，故应编制此标准。主要内容包括中央空调能效跟踪控制管理系统、锅炉能效控制管理系统、太阳能光热控制管理系统、智能照明控制管理系统和建筑设备能源监测统计管理系统等的节能控制与管理。

[4]1.3.3.10 《电气设备节能设计标准》

待编四川省工程建设地方标准。现有国家标准图集《电气设备节能设计》（06DX008-2），但无相关标准，故应编制此标准。主要内容包括空调系统、给排水系统等运行节能控制方式、合理选用电动机、变频器及电动机启动等。

[4]1.3.4 监测与控制专用标准

[4]1.3.4.1 《四川国家机关办公建筑及大型公共建筑楼宇分项计量设计安装技术规程》

在编四川省工程建设地方标准。本规程适用于四川省国家机关办公建筑和大型公共建筑能耗监测系统的楼宇分项计量设计安装，规程分为电能分项计量及冷热量计量两部分，包括总则、术语、分类、设计、计量装置性能参数、安装、验收等部分。

[4]1.3.4.2 《四川国家机关办公建筑及大型公共建筑分项能耗数据采集技术规程》

在编四川省工程建设地方标准。本规程适用于四川省国家机关办公建筑和大型公共建筑能耗监测系统分项能耗数据的采集，规程包括总则、适用范围、术语、采集对象与指标、能耗数据采集方法、能耗数据采集系统、能耗数据处理方法、能耗数据展示、能耗数据编码规则、数据质量控制等部分。

[4]1.3.4.3　《四川国家机关办公建筑及大型公共建筑分项能耗数据传输技术规程》

在编四川省工程建设地方标准。本规程适用于四川省国家机关办公建筑和大型公共建筑能耗监测系统分项能耗数据的传输，规程包括总则、术语、数据传输系统的一般规定、系统连接方式、数据采集器功能要求、数据传输过程和通信协议、应用层数据包格式等部分。

[4]1.3.4.4　《四川国家机关办公建筑及大型公共建筑能耗动态监测系统建设、验收与运行管理技术规程》

在编四川省工程建设地方标准。本规程适用于四川省国家机关办公建筑和大型公共建筑能耗动态监测系统建设、验收与运行管理。规程包括总则、术语、基本规定、技术方案评审、建设过程监管、项目验收、系统运行监管等部分。

[4]1.3.4.5　《四川国家机关办公建筑及大型公共建筑数据中心建设与维护技术规程》

在编四川省工程建设地方标准。本规程适用于四川省国家机关办公建筑和大型公共建筑能耗数据中心建设与维护。规程包括总则、术语、数据中转站建设、数据中心建设、数据中转站和数据中心验收、数据中转站和数据中心维护等部分。

[4]1.3.4.6　《国家机关办公建筑和大型公共建筑能源审计技术规程》

待编四川省工程建设地方标准。建筑能源审计是我省国家机关办公建筑和大型公共建筑节能监管体系建设中重要的环节。在建筑能源审计基础上，研究制定能耗公示、用能标准、能耗定额和超定额加价等制度，并进一步在公共建筑领域推广能源服务和合同能源管理等节能改造机制。规程内容应包括对建筑能源审计的定义、内容、方法、程序及审计报告的编写等，是建筑能源审计的通用技术原则。

[4]1.3.4.7　《公共建筑用能定额标准》

待编四川省工程建设地方标准。公共建筑的能耗巨大，对不同类型的公共建筑制定不同的用能定额标准，既是国家推动大型公共建筑节能监管体系建设的重要内容，也是真正实现公共建筑节能的重要手段，该标准的制定对推动公共建筑的节能改造、降低公共建筑的能耗都具有非常重要的意义，因此有必要编制该标准。标准适用于四川省公共建筑能耗定额的划分，标准中规定了不同类型的公共建筑，如办公建筑、商场、宾馆、医院等公共建筑的用能定额。

[4]1.3.5 可再生能源专用标准

[4]1.3.5.1 《被动式太阳房热工技术条件和测试方法》（GB/T 15405-2006）

本标准规定了被动式太阳房的热工技术条件、热性能测试方法和检验规则。本标准适用于农村和城镇地区被动式太阳房。

[4]1.3.5.2 《家用太阳热水系统热性能试验方法》（GB/T 18708-2002）

本标准规定了家用太阳热水系统在没有辅助加热时的热性能测试步骤。本标准适用于贮热水箱容积在 0.6 m² 以下，仅用太阳能的家用热水系统。本标准不适用于同时进行辅助加热的太阳热水系统的试验。

[4]1.3.5.3 《太阳热水系统设计、安装及工程验收技术规范》（GB/T 18713-2002）

本标准规定了太阳热水系统设计、安装要求及工程验收的技术规范。本标准适用于提供生活用及类似用途热水的储水箱容积大于 0.6 m³ 的具有液体传热工质的自然循环、直流式和强迫循环太阳热水系统（包括带辅助能源的太阳热水系统）。这些系统是根据当地条件单独设计和安装的。

[4]1.3.5.4 《离网型户用风光互补发电系统 第 1 部分：技术条件》（GB/T 19115.1-2003）

本部分规定了离网型户用风光互补发电系统的定义、术语、分类、基本参数、技术要求、试验方法、检验规则、标志、包装、运输和贮存等。本部分适用于风力发电和光伏发电混合功率在 5 000 W 以下的户用风光互补发电系统。

[4]1.3.5.5 《离网型户用风光互补发电系统 第 2 部分：试验方法》（GB/T 19115.2-2003）

本部分规定了离网型户用风光互补发电系统的试验目的、试验条件、试验准备和试验方法、检验方法。本部分适用于混合功率在 5 000 W 以下的风光互补发电系统。

[4]1.3.5.6 《光伏系统并网技术要求》（GB/T 19939-2005）

本标准规定了光伏系统的并网方式、电能质量、安全与保护以及安装要求。本标准适用于通过静态变换器（逆变器）以低压方式与电网连接的光伏系统。光伏系统中压或高压方式并网的相关部分，也可参照本标准。

[4]1.3.5.7 《家用太阳能热水系统技术条件》（GB/T 19141-2011）

本标准规定了家用太阳能热水系统的术语和定义、符号与单位、产品分类与标记、设计与安装要求、技术要求、试验方法、检验规则、文件编制、包装、运输和贮存。本标准适用于贮热水箱容水量不大于 0.6 m³ 的家用太阳能热水系统。

[4]1.3.5.8 《光伏发电站接入电力系统技术规定》（GB/T 19964-2012）

本标准规定了光伏发电系统接入电网运行应遵循的一般原则和技术要求。本标准适用于通过 380 V 电压等级接入电网，以及通过 10（6）kV 电压等级接入用户侧的新建、改建和扩建光伏发电系统。

[4]1.3.5.9 《光伏（PV）系统电网接口特性》（GB/T 20046-2006）

本标准描述晶体硅光伏方阵特性的现场测量及将测得的数据外推到标准测试条件（STC）或其他选定的温度攻辐照度条件下的程序。

[4]1.3.5.10 《光伏系统功率调节器效率测量程序》（GB/T 20514-2006）

本标准规定了在独立和并网光伏系统中功率调节器效率的测量方法，其中功率调节器的输出是一定频率的稳定交流电压或者是稳定的直流电压。这个效率是在制造厂通过直接测量输入输出功率的大小而计算出来的。本标准也适用于包括隔离变压器的情况。

[4]1.3.5.11 《家用空气源热泵辅助型太阳能热水系统技术条件》（GB/T 23889-2009）

本标准规定了家用空气源热泵辅助型太阳能热水系统的术语和定义、分类与命名、技术要求、参数测量和试验方法、检验规则及文件编制、标志、包装。本标准适用于提供生活热水及类似用途热水的贮水箱，容积在 600 L 以下的家用空气源热泵辅助型太阳能热水系统。

[4]1.3.5.12 《太阳能光伏照明装置总技术规范》（GB 24460-2009）

本标准规定了太阳能光伏照明装置的范围、装置与分类、装置要求、部件要求、试验方法、验收规则等。本标准适用于道路、公共场所、园林、广告、标识及装饰等照明场所的太阳能光伏照明装置。

[4]1.3.5.13 《离网型风光互补发电系统 运行验收规范》（GB/T 25382-2010）

本标准规定了储能型直流母线式、系统总（混合）功率 100 kW 及以下的离网型风光互补发电系统的验收程序、验收方法及文件等规范。本标准适用于由离网型风力发电机组与太阳能光伏组件（阵列）组成的储能型直流母线式、系统总（混合）功率 100 kW 及以下的互补集中供电系统投入运行前的验收。

[4]1.3.5.14 《带电辅助能源的家用太阳能热水系统技术条件》（GB/T 25966-2010）

本标准规定了带电辅助能源的家用太阳能热水系统的术语和定义、产品分类与标记、技术要求、试验方法、检验规则、标志、包装、运输以及贮存。本标准适用于贮热水箱容积在 0.6 m³ 以下带电辅助能源的家用太阳能热水系统。

[4]1.3.5.15 《家用太阳能热水系统能效限定值及能效等级》（GB 26969-2011）

本标准规定了家用太阳能热水系统的能效限定值、能效等级、节能评价值、试验方法和检验规则。本标准适用于贮热水箱容积在 0.6 m³ 以下的太阳能热水系统。

[4]1.3.5.16 《家用分体双回路太阳能热水系统技术条件》（GB/T 26970-2011）

本标准规定了家用分体双回路太阳能热水系统的术语和定义、系统分类与产品标记、技术要求、文件编制、检验规则以及标志、包装、运输、贮存。本标准适用于贮水箱容积在 0.6 m³ 以下的家用分体双回路太阳能热水系统。

[4]1.3.5.17 《家用分体双回路太阳能热水系统试验方法》（GB/T 26971-2011）

本标准规定了家用分体双回路太阳能热水系统在无辅助热源及室外条件下的试验方法。本标准适用于贮水箱容积不大于 0.6 m³ 的家用分体双回路太阳能热水系统。

[4]1.3.5.18 《空气源热泵辅助的太阳能热水系统（储水箱容积大于 0.6 m³）技术规范》（GB/T 26973-2011）

本标准规定了空气源热泵辅助的太阳能热水系统的定义、符号和单位、组成与分类、设计要求、技术要求、试验方法、施工安装要求、试运行与验收、文件编制等技术规范。本标准适用于利用空气源热泵辅助的太阳能热水系统（储水箱容积大于 0.6 m³）。

[4]1.3.5.19 《独立光伏系统的特性参数》（GB/T 28866-2012）

本标准规定了用于独立光伏系统进行系统描述和性能分析的主要电气、机械和环境参数。为获取和进行性能分析，以标准格式提供下列相关参数：长期和短期光伏系统性能的现场测量；外推到标准测试条件（STC）的现场测量值和设计值的比较。如果需要，有关特殊应用/特殊用途（设计、性能的预测和测量）的相关文件，也可以发布。

[4]1.3.5.20 《太阳能热水系统（储水箱容积大于 0.6 m³）控制装置》（GB/T 28737-2012）

本标准规定了太阳能热水系统（储水箱容积大于 0.6 m³）控制装置（以下简称控制装置）的术语和定义、产品分类与命名、技术要求、试验方法、检验规则、标志、包装、运输和贮存。本标准适用于储水箱容积大于 0.6 m³ 的太阳能热水系统。

[4]1.3.5.21 《带辅助能源的太阳能热水系统（储水箱大于 0.6 m³）技术规范》（GB/T 29158-2012）

本标准规定了带辅助能源的太阳能热水系统（储水箱容积大于 0.6 m³）的性能试验方法。本标准适用于单个储水箱有效容积大于 0.6 m³ 的带辅助能源的太阳能热水系统。本标准不适用于热泵辅助加热的太阳能热水系统。

[4]1.3.5.22 《独立光伏（PV）系统的特性参数》（GB/T 29196-2012）

本标准规定了用于独立光伏系统进行系统描述和性能分析的主要电气、机械和环境参数。为获取和进行性能分析，以标准格式提供下列相关参数：长期和短期光伏系统性能的现场测量；外推到标准测试条件（STC）的现场测量值和设计值的比较。如果需要，有关特殊应用/特殊用途（设计、性能的预测和测量）的相关文件也可以发布。

[4]1.3.5.23 《光伏发电系统接入配电网技术规定》（GB/T 29319-2012）

本标准规定了光伏发电系统接入电网运行应遵循的一般原则和技术要求。本标准适用于通过 380 V 电压等级接入电网，以及通过 10（6）kV 电压等级接入用户侧的新建、改建和扩建光伏发电系统。

[4]1.3.5.24 《光伏发电站太阳跟踪系统技术要求》（GB/T 29320-2012）

本标准规定了光伏电站太阳跟踪系统（以下简称跟踪系统）的外观、支架结构、驱动装置、控制系统、安装、可靠性、环境适应性等技术要求及试验方法，以及对于检验规则、标志、包装、运输和储存的技术要求。本标准适用于光伏电站的平板式和聚光式太阳跟踪系统。

[4]1.3.5.25 《光伏发电站无功补偿技术规范》（GB/T 29321-2012）

本标准规定了光伏发电站接入电力系统无功补偿的技术要求。本标准适用于通过 35 kV 及以上电压等级并网，以及通过 10 kV 电压等级与公共电网连接的新建、改建和扩建光伏发电站。

[4]1.3.5.26 《地源热泵系统工程技术规范》（2009 版）（GB 50366-2005）

本规范适用于以岩土体、地下水、地表水为低温热源，以水或添加防冻剂的水溶液为传热介质，采用蒸汽压缩热泵技术进行供热、空调或加热生活热水的系统工程的设计、施工及验收。

[4]1.3.5.27 《太阳能供热采暖工程技术规范》（GB 50495-2009）

本规范适用于在新建、扩建和改建建筑中使用太阳能供热采暖系统的工程，以及在既有建筑上改造或增设太阳能供热采暖系统的工程。

[4]1.3.5.28 《民用建筑太阳能热水系统评价标准》（GB/T 50604-2010）

本标准适用于评价新建、改建和扩建民用建筑上使用的太阳能热水系统，以及在既有民用建筑上增设、改造的太阳能热水系统。

[4]1.3.5.29 《民用建筑太阳能空调工程技术规范》（GB 50787-2012）

本规范适用于在新建、扩建和改建民用建筑中使用以热力制冷为主的太阳能空调系统工程，以及在既有建筑上改造或增设的以热力制冷为主的太阳能空调系统工程。

[4]1.3.5.30 《光伏发电站接入电力系统设计规范》（GB/T 50866-2013）

本规范适用于通过 35 kV（20 kV）及以上电压等级并网以及通过 10 kV（6 kV）电压等级与公共电网连接的新建、改建和扩建光伏发电站接入电力系统设计。

[4]1.3.5.31 《光伏发电并网逆变器技术规范》（NB/T 32004-2013）

该标准规定了光伏（PV）并网系统所使用逆变器的产品类型、技术要求及试验方法。适用于连接到 PV 源电路电压不超过直流 1 500 V，交流输出电压不超过 1 000 V 的并网逆变器。涵盖产品的安全性能、电气性能、EMC、环境等方面的要求，并对应用于特殊环境条件下的产品性能以及产品质量等级评定的基本要求进行了规定。

[4]1.3.5.32 《家用太阳能光伏系统 第1部分：技术条件》（NY/T 1146.1-2006）

本部分规定了家用太阳能光伏系统的定义、分类、功率范围、基本参数、技术要求、试验方法、检验规则、标志、包装、运输、贮存等。本部分适用于光伏功率在 1 000 Wp 以下的晶体硅离网型家用太阳能光伏系统。

[4]1.3.5.33 《家用太阳能光伏系统 第2部分：试验方法》（NY/T 1146.2-2006）

本部分规定了家用太阳能光伏系统的试验目的、试验条件、试验准备和试验方法。本部分适用于光伏功率在 1 000 Wp 以下的晶体硅离网型家用太阳能光伏系统。

[4]1.3.5.34 《浅层地热能勘查评价规范》（DZ/T 0225-2009）

本标准规定了浅层地热能勘查评价的任务、基本内容、区域浅层地热能调查和场地浅层地热能勘查方法、浅层地热能开发利用评价、勘查资料整理和报告编写等基本内容。本标准给出浅层地热能勘查设计书编制、工作布置、浅层地热能计算、报告编写、审批以及浅层地热能利用和管理的依据。本标准适用于区域浅层地热能调查和场地浅层热能勘查。

[4]1.3.5.35 《四川省地源热泵系统工程技术实施细则》（DB51/ 5067-2010）

本细则适用于四川省以岩土体、地下水、地表水（含工业废水与生活污水）为低温热源，以水或添加防冻剂的水溶液为传热介质，采用蒸汽压缩热泵技术进行制冷、制热的系统工程的勘察、设计、施工、验收与监测。

[4]1.3.5.36 《成都市地源热泵系统施工质量验收规范》（DBJ51/ 006-2012）

本规程适用于成都市以地表水（包括江、河、湖水、城市工业废水与生活污水）、地下水或岩土体为低温热源，以水或添加防冻剂的水溶液为换热介质，采用蒸汽压缩循环式热泵技术进行空调制冷、空调制热或加热生活热水的系统工程施工质量的验收。

[4]1.3.5.37 《成都市地源热泵系统性能工程评价标准》（DBJ51/T 007-2012）

本标准适用于成都市行政辖区内以岩土体、地下水、地表水为低温热源，以水或添加防冻剂的水溶液为传热介质，采用蒸气压缩热泵技术进行供热、空调或加热生活热水的系统性能工程评价。

[4]1.3.5.38 《成都市地源热泵系统设计规程》（DBJ51/ 012-2012）

本规程适用于成都市以岩土体、地下水、地表水为低温热源，以水或添加防冻剂的水溶液为传热介质，采用蒸气压缩热泵技术进行制冷、制热的系统工程的设计。

[4]1.3.5.39 《成都市地源热泵系统运行管理规程》（DBJ51/T 011-2012）

本规程适用于成都地区应用地源热泵系统的运行管理。

[4]1.3.5.40 《民用建筑太阳能热水系统评价标准》

在编四川省工程建设地方标准。本规程适用于四川地区民用建筑太阳能热水系统的评价。主要技术内容包括总则、术语、基本规定、系统与建筑集成评价、系统适用性能评价、系统安全性能评价、系统耐久性能评价、系统经济性能评价、系统部件评价等。

[4]1.3.5.41 《民用建筑太阳能热水系统与建筑一体化应用技术规程》

在编四川省工程建设地方标准。本规程规定了民用建筑太阳能热水系统与建筑一体化的设计、施工安装和调试验收，主要技术内容包括总则、术语、太阳能热水系统与建筑一体化设计、太阳能热水系统与建筑一体化设计安装、太阳能热水系统调试验收等。

[4]1.3.5.42 《太阳能光伏室外照明装置技术要求》

待编四川省工程建设地方标准。随着太阳能光伏室外照明系统的应用日趋增多，为规范太阳能光伏室外照名明装置的技术要求，需要制定本标准，本标准适用于四川省太阳光伏室外照明装置的技术条件及设计要求。主要内容包括总则、术语、技术条件、设计要求。

[4]1.3.5.43 《四川省民用建筑太阳能光伏系统设计规范》

待编四川省工程建设地方标准。四川省包含太阳能资源一般区域及太阳能丰富区域，近年来在建筑中设计离网与并网光伏发电系统越来越多，大部分项目均未经过正规的设计院设计，以施工单位设计为主，其设计质量参差不齐，迫切需要编制相关设计规范指导工程实践，本标准适用于四川省内公共建筑和居住建筑主要应用的太阳能光伏系统规范化设计。主要内容包括总则、术语、可行性评价、离网型太阳能光伏发电系统设计、并网型太阳能光伏发电系统设计、太阳能照明系统设计、监测与控制。

[4]1.3.5.44 《四川省民用建筑太阳能光伏系统安装及验收规程》

待编四川省工程建设地方标准。四川省包含太阳能资源一般区域及太阳能丰富区域，近年来在建筑中设计离网与并网光伏发电系统越来越多，大部分项目设计施工均由施工单位负责，也未纳入建设工程质量竣工验收的序列，其施工质量较难监督保证，迫切需要编制相关规范指导工程实践及竣工的验收，本规程适用于四川省内公共建筑和居住建筑主要应用的太阳能光伏系统安装工程施工质量的验收。主要技术内容包括总则，术语，基本规定，离网型太阳能光伏发电系统安装及施工质量验收，并网型太阳能光伏发电系统安装及施工质量验收，太阳能照明系统安装及施工质量验收、系统调试与检测，竣工验收。

[4]1.3.5.45 《四川省光伏与建筑一体化系统验收规范》

待编四川省工程建设地方标准。近年来在建筑中推广应用光伏系统重点在于与建筑一体化，建筑一体化牵涉建筑结构安全及建筑外立面等非光伏系统本身的重要方面，因此必须制定相应的专项验收规范，本规程适用于四川省内公共建筑和居住建筑主要应用的建筑一体化的太阳能光伏系统安装工程施工质量的验收。主要技术内容包括总则，术语，基本规定，建筑一体化太阳能光伏系统施工质量验收、系统调试与检测，竣工验收。

[4]1.3.5.46 《四川省光伏建筑一体化系统运行与维护规范》

待编四川省工程建设地方标准。在建筑中应用一体化光伏系统，其能否长期安全有效运行，系统运行维护是非常重要的，因此有必要编制《四川省光伏建筑一体化系统运行与维护规范》指导建筑一体化光伏系统运行维护。本规程适用于四川省内公共建筑和居住建筑主要应用的建筑一体化太阳能光伏系统的运行维护管理，涉及建筑一体化的太阳能光伏系统运行环节的相关企业管理措施、技术文件和合同文件的技术条款要求均不得低于本规程的规定。主要内容包括总则、术语、管理要求、技术要求、系统运行的评价指标和方法。

[4]1.3.5.47 《光伏发电系统并网特性评价技术规范》

待编四川省工程建设地方标准。屋顶光伏发电系统小而分散，其并网特性会影响国家电网的安全运行，因此必须制定相关的技术规范对屋顶并网光伏系统质量特性进行评价，本标准规定了四川省屋顶光伏发电系统并网特性的评价技术要求及方法。主要内容包括总则、术语、基本规定、电能质量、系统继电保护及安全自动装置、系统调度自动化、系统通信。

[4]1.3.5.48 《屋顶光伏发电系统安全要求》

待编四川省工程建设地方标准。屋顶光伏发电系统的安全性能是重要的指标，因此有必要对其安全技术指标作出相应的规定，本规程适用于四川省内公共建筑和居住建筑屋顶太阳能光伏系统安全技术要求。主要技术内容包括总则、术语、基本规定、结构安全要求、电气安全要求。

[4]1.3.5.49 《家用太阳能热水系统设计、安装、验收技术规范》

待编四川省工程建设地方标准。目前家用太阳能热水以工厂化的户式太阳能热水器，但是随着人民生活水平的提高和太阳能建筑一体化的发展，越来越多的住宅使用容积小于 $0.6\ m^3$ 的工程型太阳能热水系统，目前尚无相关的标准对其进行规范设计施工，需要制定《家用太阳能热水系统设计、安装、验收技术规范》，本标准规定了四川省内储水箱容积小于 $0.6\ m^3$ 家用太阳热水系统设计、安装要求及工程验收的要求。主要内容包括总则、术语、热水系统设计、系统安装、监测与控制、施工验收。

[4]1.3.5.50 《四川省地源热泵系统施工质量验收规范》

待编四川省工程建设地方标准。地源热泵系统近年来应用越来越广泛，但有大量的地源热泵工程施工质量得不到保证，从而导致系统失败。除成都市外，目前从国家到地方均无专门的地源热泵施工质量验收规范，因此有必要制定《四川省地源热泵系统施工质量验收规范》。本规程适用于四川省内以地表水（包括江、河、湖水、城市工业废水与生活污水）、地下水或岩土体为低温热源，以水或添加防冻剂的水溶液为换热介质，采用蒸汽压缩循环式热泵技术进行空调制冷、空调制热或加热生活用水的系统工程施工质量的验收。主要内容包括总则、术语、基本规定、地埋管换热系统施工质量验收、地下水换热系统施工质量验收、地表水地源热泵换热系统施工质量验收、热泵机房施工质量验收、监测与控制系统施工质量验收、系统调试与检测、竣工验收。

[4]1.3.5.51 《四川省地源热泵系统性能工程评价标准》

待编四川省工程建设地方标准。近年来地源热泵系统的应用越来越广泛，但有大量的地源热泵投入运行后，其节能性能并不理想，国家层面已经颁布《可再生能源建筑应用工程评价标准》，地源热泵性能只是其中的一部分，因此有必要制定《四川省地源热泵系统性能工程评价标准》。本标准适用于四川省内以岩土体、地下水、地表水为低温热源，以水或添加防冻剂的水溶液为传热介质，采用蒸汽压缩热泵技术进行供热、空调或加热生活用水的系统性能工程评价。主要内容包括总则、术语和符号、基本规定、地源热泵系统性能指标、地源热泵系统性能检测方法、地源热泵系统性能评价。

[4]1.3.5.52 《四川省地源热泵系统设计规程》

待编四川省工程建设地方标准。近年来地源热泵系统的应用越来越广泛，但有大量的地源热泵工程设计质量得不到保证，从而导致系统失败。除成都市外，目前从国家到地方均无专门的地源热泵设计规范，因此有必要制定《四川省地源热泵系统设计规程》。本规程适用于四川省以岩土体、地下水、地表水为低温热源，以水或添加防冻剂的水溶液为传热介质，采用蒸汽压缩热泵技术进行制冷、制热的系统工程的设计。主要内容包括总则、术语、工程勘察、可行性评价、地埋管换热系统、地下水换热系统、地表水换热系统、地热能换热输配系统、地源热泵机房设计、检测与控制。

[4]1.3.5.53 《四川省地源热泵系统运行管理规程》

待编四川省工程建设地方标准。近年来地源热泵系统的应用越来越广泛，但有大量的地源热泵系统运行管理水平低下导致其节能性能与安全性能发挥不理想。除成都市外，目前从国家到地方均无专门的地源热泵系统运行管理规程，因此有必要制定《四川省地源热泵系统运行管理规程》。本规程适用于四川省应用地源热泵系统的运行管理。主要内容包

46

括总则、术语、管理要求、技术要求、系统的运行指标和评价方法。

[4]1.3.5.54 《四川省深层地热供暖工程设计、施工与验收规程》

待编四川省工程建设地方标准。四川省部分区域如海螺沟有丰富的地热资源，可用于采暖，而且深层地热用于供暖是属于温泉资源的综合利用，其节能性能极其明显，因此有必要制定《四川省深层地热供暖工程设计、施工与验收规程》指导工程实践。本规程适用于四川省以温泉水等深层地热为直接采暖热源，或者以温泉尾水为低位热源，采用蒸汽压缩热泵技术进行制热的供暖工程的勘察、设计、施工、验收。主要内容包括总则、术语、工程可行性评估、工程勘察、工程设计、工程施工、系统调试、整体运转与验收。

[4]1.3.5.55 《四川省深层地热供暖工程运行、维护技术规程》

待编四川省工程建设地方标准。四川省部分区域如海螺沟有丰富的地热资源，可用于采暖，而且深层地热用于供暖是属于温泉资源的综合利用，其节能性能极其明显，但是运行管理与常规的采暖空调系统有很大的不同，因此有必要制定《四川省深层地热供暖工程运行、维护技术规程》，指导物管人员运营管理。本规程适用于四川省以温泉水等深层地热为直接或间接采暖热源供暖系统的运行管理。主要内容包括总则、术语、管理要求、技术要求、系统的运行指标和评价方法。

[4]1.3.5.56 《四川省深层地热供暖动态监测方法》

待编四川省工程建设地方标准。四川省部分区域如海螺沟有丰富的地热资源，可用于采暖，而且深层地热用于供暖是属于温泉资源的综合利用，其节能性能极其明显，但是在运行过程中地热资源的数量、质量及地质构造是动态变化的，为确保地热供暖系统的长期安全运行，同时不产生地质灾害，有必要制定《四川省深层地热供暖动态监测方法》指导相关管理部门对系统进行动态监测。本规程适用于四川省以温泉水等深层地热为直接或间接采暖热源供暖系统的动态监测方法。主要内容包括总则、术语、深层地热水的水温与流量监测、水质监测、地质监测、热源系统运行效率监测。

[4]1.3.5.57 《四川省民用建筑太阳能光热利用设计规程》

待编四川省工程建设地方标准。近年来民用建筑中太阳能热水与太阳能采暖等热利用越来越广泛，但除成都市外，目前从国家到地方均无专门的太阳能热利用设计规范，因此有必要制定《四川省民用建筑太阳能光热利用设计规程》。本规程适用于四川省内公共建筑和居住建筑主要应用的太阳能热利用系统，包含太阳能热水和太阳能采暖系统规范化设计。主要内容包括总则、术语、可行性评价、建筑一体化太阳能热水设计、建筑一体化太阳能采暖设计、监测与控制。

[4]1.3.5.58 《四川省民用建筑太阳能光热利用施工质量验收规程》

待编四川省工程建设地方标准。近年来民用建筑中太阳能热水与太阳能采暖等热利用越来越广泛,但除成都市外,目前从国家到地方均无专门的太阳能光热利用施工质量验收规范,绝大部分工程均是由施工单位自行把控质量,施工质量得不到监督保证,因此有必要制定《四川省民用建筑太阳能光热利用施工质量验收规程》。本规程适用于四川省内公共建筑和居住建筑主要应用的太阳能热利用系统,包含太阳能热水和太阳能采暖系统工程施工质量的验收。主要技术内容包括总则、术语、基本规定、建筑一体化太阳能热水系统施工质量验收、建筑一体化太阳能采暖施工质量验收、监测与控制系统施工质量验收、系统调试与检测、竣工验收。

[4]1.3.5.59 《四川省民用建筑太阳能光热利用运行管理规程》

待编四川省工程建设地方标准。近年来民用建筑中太阳能热水与太阳能采暖等热利用越来越广泛,有很多工程投入了巨额资金建设,但由于运行管理不善从而导致系统瘫痪。除成都市外,目前从国家到地方均无专门的太阳能光热利用运行管理规程,因此有必要制定《四川省民用建筑太阳能光热利用运行管理规程》。本规程适用于四川省内公共建筑和居住建筑主要应用的太阳能热利用系统,包含太阳能热水和太阳能采暖系统的运行管理。涉及太阳能光热系统运行环节的相关企业管理措施、技术文件和合同文件的技术条款要求均不得低于本规程的规定。主要内容包括总则、术语、管理要求、技术要求、系统运行的评价指标和方法。

[4]1.3.5.60 《四川省太阳能制冷空调设计规程》

待编四川省工程建设地方标准。随着技术的发展,目前逐渐有项目将太阳能用于建筑的制冷空调,太阳能用于制冷空调有着天然的技术优势,其需求与供应是相匹配的,系统运行效率很高,有必要制定《四川省太阳能制冷空调设计规程》指导工程设计。本标准适用于四川省内公共建筑和居住建筑主要应用的太阳能制冷空调系统规范化设计。主要内容包括总则、术语、可行性评价、建筑一体化太阳能制冷系统设计、室内末端设计、输配系统设计、监测与控制。

[4]1.3.5.61 《四川省太阳能制冷空调施工质量验收规程》

待编四川省工程建设地方标准。随着技术的发展,目前逐渐有项目将太阳能用于建筑的制冷空调,太阳能用于制冷空调有着天然的技术优势,其需求与供应是相匹配的,系统运行效率很高,但由于市场主体的技术力量有待提高,为规范保障太阳能制冷空调的施工质量,有必要制定《四川省太阳能制冷空调施工质量验收规程》指导施工质量验收。本规程适用于四川省内公共建筑和居住建筑主要应用的太阳能制冷空调系统,包含光热式太阳能冷空调系统和光电式太阳能制冷空调系统工程施工质量的验收。主要技术内容包括总则、术语、基本规定、太阳能制冷系统施工质量验收、室内末端与输配系统施工质量验收、监测与控制系统施工质量验收、系统调试与检测、竣工验收。

[4]1.3.5.62 《四川省太阳能制冷空调运行管理规程》

待编四川省工程建设地方标准。随着技术的发展，目前逐渐有项目将太阳能用于建筑的制冷空调，太阳能用于制冷空调有着天然的技术优势，其需求与供应是相匹配的，系统运行效率很高，但投入运营后其运行管理水平直接关系到系统的长期节能安全运行，有必要制定《四川省太阳能制冷空调运行管理规程》指导物管人员运行管理。本规程适用于四川省内公共建筑和居住建筑主要应用的太阳能制冷空调系统，包含光热式太阳能冷空调系统和光电式太阳能制冷空调系统的运行管理。涉及太阳能制冷空调系统运行环节的相关企业管理措施、技术文件和合同文件的技术条款要求均不得低于本规程的规定。主要内容包括总则、术语、管理要求、技术要求、系统运行的评价指标和方法。

[4]1.3.5.63 《太阳能热水系统热能计量与监测规范》

待编四川省工程建设地方标准。随着建筑一体化太阳能热水系统的应用项目越来越多，其分户计量与监测尚无相关的标准规范，有必要制定《太阳能热水系统热能计量与监测规范》指导热水系统热能计量与监测。本规程适用于规范四川省内公共建筑和居住建筑主要应用的太阳能热水系统的热能计量与监测。主要内容包括总则、术语、热能计量、监测与控制。

[4]1.3.5.64 《四川省太阳能采暖热工技术条件和测试方法》

待编四川省工程建设地方标准。随着建筑一体化太阳能采暖系统的应用项目越来越多，特别是在甘孜阿坝地区，其热工技术条件和测试方法尚无相关的标准规范，迫切需要制定《太阳能热水系统热能计量与监测规范》指导热水系统热能计量与监测。本标准适用于四川省内公共建筑和居住建筑主要应用的太阳能采暖系统的热工技术条件、热性能测试方法和检验规则。主要内容包括总则、术语、热工技术条件、热性能测试方法。

[4]1.3.5.65 《四川省农村建筑太阳能应用技术条件》

待编四川省工程建设地方标准。随着农村生活水平的提高，太阳能热水与太阳能采暖应用越来越多，其技术条件与城镇建筑是有区别的，因此有必要制定《四川省农村建筑太阳能应用技术条件》。本标准适用于确定四川省内农村建筑主要应用的太阳能热水和采暖系统的应用技术条件。主要内容包括总则、术语、太阳能热水技术条件、太阳能采暖技术条件。

[4]1.3.5.66 《四川省太阳能热水系统安全设计规范》

待编四川省工程建设地方标准。太阳能建筑一体化应用的过程中，其系统安全设计是非常重要的一环，因此有必要制定《四川省太阳能热水系统安全设计规范》指导设计院进行工程设计。本标准适用于四川省内公共建筑和居住建筑主要应用的太阳能热水系统的安全设计规则。主要内容包括总则、术语、户式太阳能热水安全设计、集中式太阳能热水系统安全设计。

[4]1.3.5.67 《四川省村镇住宅太阳能采暖应用技术规程》

待编四川省工程建设地方标准。村镇建筑采用太阳能采暖的项目越来越多，其设计施工等过程均与城市建筑有区别，因此有必要制定《四川省村镇住宅太阳能采暖应用技术规程》指导工程实践。本标准适用于村镇建筑主要应用的太阳能采暖系统的可行性评估、设计、施工及验收技术要求。主要内容包括总则、术语、可行性评估、系统设计、工程实施、竣工验收。

[4]1.3.5.68 《四川省被动式太阳能建筑技术规范》

待编四川省工程建设地方标准。被动式太阳能建筑应用是经济高效的首选太阳能应用型式，目前国家已经有相关标准，为提高四川省被动式太阳能建筑设计的技术水平，有必要制定《四川省被动式太阳能建筑技术规范》指导工程实践。本标准适用于四川省内新建、改建、扩建工程的被动式太阳能建筑的设计。主要内容包括总则、术语、基本规定、被动建筑设计、被动技术设计。

2.2 绿色建筑专业标准体系

2.2.1 综 述

随着建筑节能工作的不断深入推进，范围更广、意义更加深远的绿色建筑逐步成为当今社会发展的一种主流趋势。绿色建筑是指在建筑的全寿命周期内，最大限度地节约资源（节能、节地、节水、节材）、保护环境和减少污染，为人们提供健康、适用和高效的使用空间，与自然和谐共生的建筑。绿色建筑包含了建筑节能。建筑在全寿命周期内，除了能源资源外，还要消耗水资源、土地资源和材料资源，绿色建筑强调的是资源的节约和环境保护以及建筑的可持续发展。

2.2.1.1 国内外专业技术发展简况

20世纪60年代，美国建筑师保罗·索勒瑞提出了生态建筑的新理念。1969年，美国建筑师麦克哈格著《设计结合自然》一书，标志着生态建筑学的正式诞生。1980年，世界自然保护组织首次提出"可持续发展"的口号，同时节能建筑体系逐渐完善，并在德、英、法、加拿大等发达国家广泛应用。1987年，联合国环境署发表《我们共同的未来》报告，确立了可持续发展的思想。1992年，"联合国环境与发展大会"使可持续发展思想得到推广，绿色建筑逐渐成为发展方向。

20世纪90年代，绿色建筑概念开始引入中国，绿色建筑技术、评价体系等研究也逐步兴起，到目前为止，中国绿色建筑的发展大致经历了三个阶段：第一个阶段是2004年以前，这一阶段的绿色建筑相关工作主要以科研院所、高校等的研究和推动为主，政府很少介入，一些有关绿色建筑的评价体系、技术导则、手则等开始出现；第二阶段是2004-2008年，这一阶段的特点是，建筑节能工作在全国范围内已全面推进，同时政府相关管理部门开始介入绿色建筑，科研院所、高校研究工作不断深入，技术标准体系逐步完善；第三阶段是2008年以后，这一阶段可以说是绿色建筑全面发展的阶段，其特点是，以绿色建筑标识作为主要推力推动绿色建筑在全国范围内向纵深发展，同时推动力由政府管理部门和科研机构拓展到了部分开发商和业主。一切迹象显示，绿色建筑已逐渐成为国际建筑界的主流趋势，未来建筑的发展方向必将向绿色与节能建筑发展。绿色建筑技术必将成为建筑业新的技术领域，并将促进建筑业和相关行业极大的技术变革，引领其可持续地发展。

国外的绿色建筑发展较早，采用的技术包括可持续性场址选取、自然采光技术、高效节能灯具及节能控制措施、建筑遮阳措施、屋顶绿化、地板送风、太阳能利用、水资源循环利用、分项计量与能耗数据采集系统、材料回收利用及垃圾分类收集等。

当前我国在发展绿色建筑方面已接近高端技术研究领域的先进水平。我国的绿色建筑具有超低能耗、健康空调、自然通风、天然采光、绿色建材、再生能源、资源应用、智能控制、生态绿化、舒适环境等十大技术特点。此外，还包括了真空玻璃、光导采光系统、双层玻璃幕墙、溶液除湿空调系统等在内的一系列绿色建筑技术，并达到了国际的先进水平。从目前我国的现状来看，除了自己在不停地开展新技术，进行自主创新之外，也在全面引进国际上的先进技术和已成型的产品。例如，每年我国都举办"国际智能、绿色建筑与建筑节能大会暨新技术与产品博览会"，会议上除了展示国内外建筑节能、绿色建材以及绿色建筑等最新研发的技术成果之外，还有产品应用实例的展示，同时还提供了一个引进技术、交流技术的合作交流平台。绿色建筑现在不仅是我国建筑技术的一个现状展现，也给传统的建筑业带来了巨大的冲击，在促进了相关落后技术进行进步、改革的同时，也让我国的建筑业逐渐地摆脱了浪费、污染的大盖帽，进入了一个全新的绿色产业时代。从资源上来看，我国有太阳能、水能、风能等各种可以利用的可再生资源。目前国内对可再生资源的利用已经有了一个大概的规模，从国内的占有量来看，可再生资源逐渐占到了总消耗能源的近百分之十。相信在未来的十年中，这个比例还会大幅度上升。

绿色建筑技术是实现绿色建筑各项目标的方法和途径。绿色建筑各项目标分别有建筑节地与室外环境技术、节能与能源利用技术、节材与材料资源利用技术、节水与水资源利用技术、室内环境及绿色建筑运营管理技术。不同的技术对建筑气候、建筑资源具有不同的适应性；不同的技术在资金投入、管理投入及成熟度上各不相同；不同的技术也会产生不同的效益。因此绿色建筑技术的选用必须统筹考虑建筑气候、资源、技术成熟度、绿色效果及经济性等因素，选择出价值系数大、技术成熟度高且适应于当地资源、环境、人文的绿色建筑技术。

2.2.1.2　国内外技术标准现状

20 世纪 90 年代，绿色建筑迅速发展，世界各国先后出现了大量的绿色建筑评价体系，如 1990 年英国 BREEAM、1996 年美国 LEED、1998 年加拿大 GBTool、1999 年中国台湾 EEWH，后来又先后出现了日本的 CASBEE、澳大利亚的 Green star、法国的 Escale、芬兰的 Promis E、德国的 DGNB、挪威的 Ecoprofile、荷兰的 GreenCalc、瑞典的 Eco-effect 等。

2001 年，由建设部科技司组织，建设部科技发展促进中心、中国建筑科学研究院、清华大学共同编写的《中国生态住宅技术评估手册》出版，这是我国首个绿色建筑评价体系。评价体系包括小区环境规划设计、能源和环境、室内环境质量、小区水环境、材料与资源等 5 大指标，这 5 大指标体系都在 60 分以上则可被认定为绿色生态住宅。2002 年和 2003 年分别进行了修订。

2002 年，建设部发布《绿色生态住宅小区建设要点与技术导则》，该导则分为 9 个系统，对绿色生态小区建设在能源、材料、环保等方面提供指导。其中《水环境系统》将包括管道直饮水的覆盖率，小区污水处理率、回用率，建立中水回用系统，建立雨水收集与利用系统，小区景观、绿化、卫生等需使用中水或雨水。该导则的编写制定对于向消费者宣传绿色生态小区的内涵、引导开发商创立生态品牌的住宅小区将起到非常重要的作用。

2004 年，为配合中国 2008 奥运会体育场馆的建设，清华大学和北京市建筑设计研究院等单位联合编制的《绿色奥运建筑评估体系》出版，这是我国首个公共建筑绿色建筑评价体系。在环境、能源、水资源、材料与资源、室内环境质量等方面建立了上百项绿色建筑指标，并分别在建筑的规划、设计、施工、验收与运行管理这 5 个阶段进行评价。虽然这本标准不是国家标准，也不是行业标准，但它对于我国绿色建筑评价标准的发展奠定了一定的基础。

2005 年，由建设部住宅产业促进中心与中国建筑科学研究院会同有关单位组成编制组共同编制了《住宅性能评定技术标准》，该标准是根据建设部建标〔1999〕308 号文的要求完成的。随着 2006 年中国《绿色建筑评价标准》的颁布、政府配套政策的支持以及美国 LEED 在国内的宣传，地产商和市场开始选择评价体系更加完善、更加国际化和市场化的绿色建筑认证，而住宅性能评定逐渐淡出地产行业。

为了引导、促进和规范绿色建筑的发展，建设部、科技部于 2005 年联合出台了《绿色建筑技术导则》，该导则中绿色建筑指标体系由节地与室外环境、节能与能源利用、节水与水资源利用、节材与材料资源、室内环境质量和运营管理 6 类指标组成。这 6 类指标涵盖了绿色建筑的基本要素，包含了建筑物全寿命周期内的规划设计、施工、运营管理及回收各阶段的评定指标的子系统。该导则为国家标准绿色建筑评价标准的出台奠定了基础。

2006 年 6 月，我国颁布了《绿色建筑评价标准》（GB/T 50378-2006），该标准中首次给出全面和科学的绿色建筑的定义，架构上基本延续了"四节-环保"的中国绿色建筑思路，根据中国建筑和管理的特色，增加了运营管理，共 6 组指标，方法和架构与 LEED 比较接近。这是我国第一本绿色建筑评价国家标准。2007 年 8 月，出台《绿色建筑评价标识管理办法（试行）》和《绿色建筑评价技术细则（试行）》。2009 年、2010 年分别启动了《绿色工业建筑评价标准》《绿色办公建筑评价标准》《绿色医院建筑评价标准》的编制工作。2010 年，我国颁布了《民用建筑绿色设计规范》（JGJ/T 229-2010）、《建筑工程绿色施工评价标准》（GB/T 50640-2010）。2012 年，住房和城乡建设部颁布了《绿色超高层建筑评价技术细则》。2012 年 11 月 1 日，四川省住房和城乡建设厅颁布了《四川省绿色建筑评价标准》（DBJ 51/T 009-2012）。

2.2.1.3　现行标准存在的问题

绿色建筑作为一门新兴的学科，近年来得到迅速的发展，从目前标准的执行情况分析，主要存在以下问题：

（1）"绿色建筑标准"体系尚未健全。我国绿色建筑标准化工作经过了近十年的起步和发展，但在不少环节上仍然"无标可依"。这一方面是因为受到绿色建筑技术及产品研发力度和水平的制约；另一方面是因为绿色建筑标准综合性较强，涉及多个专业学科和领域，无法很好地归入以专业学科划分的标准体系中，更难以实现相互间的有机协同。

（2）绿色建筑具有浓郁的地域性。发展绿色建筑必须采取因地制宜的方法，因此建立适合四川省地域、气候和人文特点的绿色建筑标准是很重要的。从现有绿色建筑标准来看，我省目前只颁布了《绿色建筑评价标准》；从全寿命周期看，还需从规划、设计、施工、运营管理等方面有选择性地建立适宜四川省的地方标准；从建筑类型上看，也要根据实际情况编制医院、工业和超高层的绿色建筑标准；从绿色建筑涉及的专业方面看，还需要根据四川省的资源特点编制绿色建材标准等。

（3）配套的产品（设备）标准脱节。绿色建筑性能不仅取决于工程建设技术，而且还受到所采用的材料、产品和设备的影响。现行工程建设标准和建筑产品标准之间缺乏有机联系，部分产品标准不能确切反映工程建设标准要求，产品标准的编制和更新速度也不能及时体现绿色建筑工程建设对新技术和新产品的需求，最终导致配套产品与工程建设技术的脱节。

2.2.1.4 本标准体系简述

1. 层次划分

与标准体系的总要求相同，从上到下分为基础标准、通用标准、专用标准。

2. 专业划分

根据工程建设的各个环节制定通用标准，包括规划设计、施工验收、运营管理、检测评价、节能改造 5 个环节。根据通用标准层涉及的不同专业方向的相关技术措施、方法等设定专用标准，包括节地、节材、节水、室内外环境、节能 5 个专业方向。

本标准体系中含有技术标准 37 项，其中，基础标准 2 项，通用标准 22 项，专用标准 13 项，现行标准 17 项，在编标准 8 项，待编标准 12 项。本体系是开放性的，技术标准的名称、内容和数量均可根据需要而适时调整。

2.2.2 绿色建筑专业标准体系框图

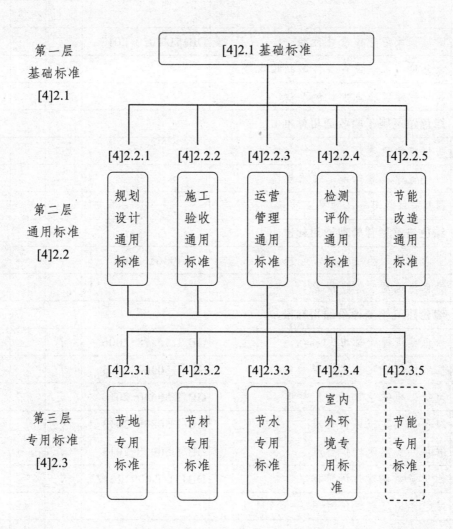

第一层
基础标准
[4]2.1

[4]2.1 基础标准

第二层
通用标准
[4]2.2

[4]2.2.1 规划设计通用标准
[4]2.2.2 施工验收通用标准
[4]2.2.3 运营管理通用标准
[4]2.2.4 检测评价通用标准
[4]2.2.5 节能改造通用标准

第三层
专用标准
[4]2.3

[4]2.3.1 节地专用标准
[4]2.3.2 节材专用标准
[4]2.3.3 节水专用标准
[4]2.3.4 室内外环境专用标准
[4]2.3.5 节能专用标准

2.2.3 绿色建筑专业标准体系表

体系编码	标准名称	标准编号	编制出版状况			备注
			现行	在编	待编	
[4]2.1	**基础标准**					
[4]1.1.1.1	绿色建筑基本术语标准			√		行标
[4]1.1.1.2	城市地下空间利用基本术语标准	.		√		行标
[4]2.2	**通用标准**					
[4]2.2.1	**绿色建筑规划设计通用标准**					
[4]2.2.1.1	民用建筑绿色设计规范	JGJ/T229-2010	√			

体系编码	标准名称	标准编号	编制出版状况			备注
			现行	在编	待编	
[4]2.2.1.2	四川省绿色学校设计标准	DBJ51/T020-2013	√			
[4]2.2.1.3	绿色建筑工程设计文件编制技术规程			√		地标
[4]2.2.1.4	四川省建筑绿色设计规范				√	地标
[4]2.2.2	**绿色建筑施工验收通用标准**					
[4]2.2.2.1	四川省绿色建筑施工评价与验收规程			√		地标
[4]2.2.2.2	四川省绿色建筑施工技术规范				√	地标
[4]2.2.2.3	四川省绿色建筑工程施工质量验收规范				√	地标
[4]2.2.3	**绿色建筑运营管理通用标准**					
[4]2.2.3.1	空调通风系统运行管理规程	GB 50365-2005	√			
[4]2.2.3.2	绿色建筑运营管理规范				√	地标
[4]2.2.4	**绿色建筑检测评价通用标准**					
[4]2.2.4.1	绿色建筑评价标准	GB/T 50378-2006	√			
[4]2.2.4.2	住宅性能评定技术标准	GB/T 50362-2005	√			
[4]2.2.4.3	建筑工程绿色施工评价标准	GB/T 50640-2010	√			
[4]2.2.4.4	绿色工业建筑评价标准	GB/T 50878-2013	√			
[4]2.2.4.5	绿色办公建筑评价标准	GB/T 50908-2013	√			
[4]2.2.4.6	四川省绿色建筑评价标准	DBJ51/T 009-2012	√			
[4]2.2.4.7	绿色博览建筑评价标准			√		国标
[4]2.2.4.8	绿色商店建筑评价标准			√		国标
[4]2.2.4.9	绿色饭店建筑评价标准			√		国标
[4]2.2.4.10	绿色生态城区评价标准			√		行标
[4]2.2.4.11	四川省绿色建筑检测技术标准				√	地标
[4]2.2.4.12	四川省绿色超高层建筑评价标准				√	地标
[4]2.2.5	**既有建筑绿色改造通用标准**					
[4]2.2.5.1	既有建筑绿色改造评价标准				√	地标
[4]2.3	**专用标准**					
[4]2.3.1	**节地专用标准**					
[4]2.3.1.1	民用建筑地下空间利用技术规程				√	地标
[4]2.3.1.2	民用建筑节地应用技术规程				√	地标

体系编码	标准名称	标准编号	编制出版状况			备注
			现行	在编	待编	
[4]2.3.2	**节材专用标准**					
[4]2.3.2.2	四川省绿色建材评价标准				√	地标
[4]2.3.3	**节水专用标准**					
[4]2.3.3.1	建筑中水设计规范	GB 50336-2002	√			国标
[4]2.3.3.2	建筑小区雨水利用工程技术规范	GB 50400-2006	√			
[4]2.3.3.3	雨水集蓄利用工程技术规范	GB/T 50596-2010	√			
[4]2.3.3.4	民用建筑节水应用技术规程				√	地标
[4]2.3.4	**室内外环境专用标准**					
[4]2.3.4.1	室内空气质量标准	GB/T 18883-2002	√			
[4]2.3.4.2	空调通风系统清洗规范	GB 19210-2003	√			
[4]2.3.4.3	建筑采光设计标准	GB 50033-2013	√			
[4]2.3.4.4	民用建筑隔声设计规范	GB 50118-2010	√			
[4]2.3.4.5	生态环境状况评价技术规范	HJ/T 192-2006	√			
[4]2.3.4.6	民用建筑室内舒适度标准				√	地标

2.2.4 绿色建筑专业标准体系项目说明

[4]2.1 基础标准

[4]2.1.1.1 《绿色建筑基本术语标准》

在编工程建设行业标准。本标准适用于绿色建筑相关标准的制定,技术文件的编制,专业手册、教材和书刊等的编写和翻译。

[4]2.1.1.2 《城市地下空间利用基本术语标准》

在编工程建设行业标准。本标准适用于城市地下空间利用标准的制定,技术文件的编制,专业手册、教材和书刊等的编写和翻译。

[4]2.2 通用标准

[4]2.2.1 绿色建筑规划设计通用标准

[4]2.2.1.1 《民用建筑绿色设计规范》(JGJ/T 229-2010)

本规范适用于新建、改建和扩建民用建筑的绿色设计。

[4]2.2.1.2 《四川省绿色学校设计标准》（DBJ51/T 020-2013）

本标准适用于四川省城镇、农村新建、改建和扩建绿色中小学学校的规划与建筑设计。

[4]2.2.1.3 《绿色建筑工程设计文件编制技术规程》

在编四川省工程建设地方标准。本规程适用于居住建筑和公共建筑的绿色建筑设计，主要技术内容：初步设计阶段建筑、结构、给排水、电气、暖通和绿色建筑专项咨询设计的深度要求和技术指标；施工图设计阶段建筑、结构、给排水、电气、暖通和绿色建筑专项咨询设计的深度要求和技术指标；其中包括绿色建筑设计过程中相关计算分析报告的深度和编制要求。

[4]2.2.1.4 《四川建筑绿色设计规范》

待编四川省工程建设地方标准。为了推动我省绿色建筑的发展，必须建立完善的绿色建筑标准体系，而绿色建筑设计规范是绿色建筑标准体系中最重要的内容，在绿色建筑的推动过程中起到领头羊的作用，因此有必要编制该标准用于指导我省绿色建筑的设计工作。

本规范适用于新建、改建和扩建民用建筑的绿色设计。主要内容为绿色设计策划、场地与室外环境、建筑设计与室内环境、建筑材料、给水排水、暖通空调和建筑电气等。

[4]2.2.2 绿色建筑施工验收通用标准

[4]2.2.2.1 《四川省建筑工程绿色施工评价与验收规范》

在编四川省工程建设地方标准。本规范适用于民用建筑工程施工绿色施工评价与验收。主要技术内容包括总则、术语、基本规定、评价体系、绿色施工管理评价、绿色施工技术与创新评价、绿色施工成效评价、评价方法、验收。

[4]2.2.2.2 《四川省绿色建筑施工技术规范》

待编四川省工程建设地方标准。绿色施工是绿色建筑全寿命周期中的一个重要环节，近年来，绿色施工技术在我国得到了大力的应用和发展，为了进一步规范和指导我省绿色施工，有必要编制该标准对我省绿色施工技术类型及技术要点进行统一规范，以促进我省绿色施工的发展。

[4]2.2.2.3 《四川省绿色建筑工程施工质量验收规范》

待编四川省工程建设地方标准。绿色建筑工程施工质量的验收工作是把控和验证绿色建筑是否达到绿色建筑标准的一个重要闭合环节，是绿色建筑标准体系的重要组成部分，因此有必要编制该标准对绿色建筑在节能、节地、节水、节材、室内外环境质量及运营管理等环节进行施工质量的验收。

[4]2.2.3 绿色建筑运营管理通用标准

[4]2.2.3.1 《空调通风系统运行管理规程》（GB 50365-2005）

本标准适用于民用建筑集中管理的空调通风系统的常规运行管理，以及在发生与空调通风系统相关的突发性事件时应采取的相关应急运行管理。主要内容为管理要求、技术要求、运行管理综合评价和突发事件应急管理措施等。

[4]2.2.3.2 《绿色建筑运营管理规范》

待编四川省工程建设地方标准。本标准适用于居住和公共建筑的运营管理。

[4]2.2.4 绿色建筑检测评价通用标准

[4]2.2.4.1 《绿色建筑评价标准》（GB/T 50378-2006）

本标准适用于评价住宅建筑和办公建筑、商场和宾馆等公共建筑。规定了评价指标体系的6大评价指标：节地与室外环境、节能与能源利用、节水与水资源利用、节材与材料资源利用、室内环境质量、运营管理（住宅建筑）与全生命周期综合性能（公共建筑）。

[4]2.2.4.2 《住宅性能评定技术标准》（GB/T 50362-2005）

本标准适用于城镇新建和改建住宅的性能评审和认定。主要内容为住宅性能认定的申请和评定、适用性能的评定、环境性能的评定、经济性能的评定、安全性能的评定和耐久性能的评定等。

[4]2.2.4.3 《建筑工程绿色施工评价标准》（GB/T 50640-2010）

本标准适用于建筑工程绿色施工的评价。主要内容为评价框架体系、环境保护评价指标、节材与材料资源利用评价指标、节水与水资源利用评价指标、节能与能源利用评价指标、节地与土地资源保护评价指标、评价方法、评价组织和程序等。

[4]2.2.4.4 《绿色工业建筑评价标准》（GB/T 50878-2013）

本标准适用于新建、改建、扩建、易地建设的各行业工厂或工业建筑群中的主要生产厂房、辅助生产厂房，即有工业建筑可参照执行。规定了各行业评价绿色工业建筑需要达到的共性要求。主要内容为节地与可持续发展场地、节能与能源利用、节水与水资源利用、节材与材料资源利用、室外环境与污染物控制、室内环境与职业健康、运行管理、技术进步与创新等。

[4]2.2.4.5 《绿色办公建筑评价标准》（GB/T 50908-2013）

本标准适用于我国新建、扩建和改建的各类政府办公建筑、商用办公建筑、科研办公建筑、综合办公建筑以及功能相近的其他办公建筑的绿色评价。主要内容为节地与室外环境、节能与能源利用、节水与水资源利用、节材与材料资源利用、室内环境质量和运营管理等。

[4]2.2.4.6 《四川省绿色建筑评价标准》（DBJ51/T 009-2012）

本标准适用于评价四川省住宅建筑和办公建筑、商场和宾馆等公共建筑。规定了评价指标体系的 6 大评价指标：节地与室外环境、节能与能源利用、节水与水资源利用、节材与材料资源利用、室内环境质量、运营管理。

[4]2.2.4.7 《绿色博览建筑评价标准》

待编工程建设国家标准。本标准适用于新建、改建和扩建的绿色博览建筑工程的评价，建筑类型包括博物馆、展览馆、文化宫等。

[4]2.2.4.8 《绿色商店建筑评价标准》

待编工程建设国家标准。本标准适用于评价新建、扩建与改建的商店建筑，标准明确绿色商场建筑评价的适用范围、评价的基本规定、评价的 6 大类指标及其具体内容。

[4]2.2.4.9 《绿色饭店建筑评价标准》

待编工程建设国家标准。本标准适用于评价新建、扩建与改建的饭店建筑，标准明确绿色饭店建筑评价的适用范围、评价的基本规定、评价的 6 大类指标及其具体内容。

[4]2.2.4.10 《绿色生态城区评价标准》

在编工程建设行业标准。本标准适用于评价生态城区。规定了评价指标体系的 9 大评价指标：规划、绿色建筑、生态环境、交通、能源、水资源、信息化、碳排放和人文。

[4]2.2.4.11 《四川省绿色建筑检测技术标准》

待编四川省工程建设地方标准。绿色建筑的检测结果是对绿色建筑运营阶段进行评价的重要依据，目前尚无国家或行业标准，因此有必要编制地方标准对绿色建筑的检测技术进行统一规范，以促进绿色建筑在我省的发展。

[4]2.2.4.12 《四川省绿色超高层建筑评价标准》

待编四川省工程建设地方标准。目前我省 100 m 以上的超高层建筑越来越多，超高层建筑由于自身特点在评价体系及评价方法等方面均与普通建筑有较大差别，因此有必要编制地方标准以便正确评价超高层绿色建筑。

[4]2.2.5 既有建筑绿色改造通用标准

[4]2.2.5.1 《既有建筑绿色改造评价标准》

待编四川省工程建设地方标准。我省 2005 年以前建造的建筑 90%以上都是高能耗建筑，这部分建筑的改造是一项两大面广的工作，而绿色改造是一个重要的方向，因此为了指导和规范我省既有建筑绿色改造工作，有必要编制该标准，标准内容应包括绿色改造诊断、绿色改造判定原则和方法、进行绿色改造的具体措施和方法以及绿色改造评估等。

[4]2.3 专用标准

[4]2.3.1 节地专用标准

[4]2.3.1.1 《民用建筑地下空间利用技术规程》

待编四川省工程建设地方标准。地下空间的利用是绿色建筑的一项重要内容，为了规范和指导我省绿色建筑地下空间的利用，以达到更加有效和正确利用地下空间的目的，有必要编制该地方标准。

[4]2.3.1.2 《民用建筑节地应用技术规程》

待编四川省工程建设地方标准。节约土地是绿色建筑的一项重要内容，不同的建筑类型和区域对节地有不同的要求，本标准需要结合四川省自身特点及相关政策法规，编制适合我省的民用建筑节地应用技术规程。规程内容应包括新建、扩建和改建民用建筑的节地设计、施工和验收。

[4]2.3.2 节材专用标准

[4]2.3.2.1 《四川省绿色建材评价标准》

待编四川省工程建设地方标准。在建筑中推广和应用绿色建材是绿色建筑的一项重要内容，但绿色建材的定义以及相应的指标体系至今尚无统一规定，也无国家或行业标准，因此有必要编制四川省的绿色建材评价标准，以便规范和指导四川省绿色建材的评价工作，从而有效推进我省绿色建材的应用。

[4]2.3.3 节水专用标准

[4]2.3.3.1 《建筑中水设计规范》（GB 50336-2002）

本标准适用于各类民用建筑和建筑小区的新建、改建和扩建的中水工程，也适用于工业建筑中生活污水、废水再生利用的中水工程设计。主要内容为中水水源、中水水质标准、中水系统、处理工艺及设施、中水处理站、安全防护和监测控制等。

[4]2.3.3.2 《建筑小区雨水利用工程技术规范》（GB 50400-2006）

本标准适用于民用建筑、工业建筑与小区雨水利用工程的规划、设计、施工、验收、管理与维护。主要内容为水量与水质、雨水利用系统设置、雨水收集、雨水入渗、雨水贮存与回用、水质处理、调蓄排放、施工安装、工程验收和运行管理等。

[4]2.3.3.3 《雨水集蓄利用工程技术规范》（GB/T 50596-2010）

本标准适用于地表水和地下水缺乏或开发利用困难，且多年平均降水量大于 250 mm 的半干旱地区和经常发生季节性缺水的湿润、半湿润山丘地区，以及海岛和沿海地区雨水集蓄利用工程的规划、设计、施工、验收和管理。主要内容为规划、工程规模与工程布置、设计、施工与设备安装、工程验收和工程管理等。

[4]2.3.3.4 《民用建筑节水应用技术规程》

待编四川省工程建设地方标准。节水是绿色建筑的一项重要内容，节水包括开源和节流两个方面，为了规范和指导我省民用建筑中的节水设计、施工及验收，有必要系统地对民用建筑中的节水应用技术进行规范和统一。

[4]2.3.4 室内外环境专用标准

[4]2.3.4.1 《室内空气质量标准》（GB/T 18883-2002）

本标准适用于住宅和办公建筑物，其他室内环境可参照本标准执行。本标准规定了室内空气质量参数及检验方法。

[4]2.3.4.2 《空调通风系统清洗规范》（GB 19210-2003）

本标准适用于被尘粒和生物性因子污染、对空气过滤无特殊要求的通风与空调系统中的风管系统的清洗。主要内容规定了通风与空调系统中的风管系统清洁度的检查、工程环境控制、清洗方法、清洗后的修复与更换、工程监控和清洗效果的检验。

[4]2.3.4.3 《建筑采光设计标准》（GB 50033-2013）

本标准适用于利用天然采光的民用建筑和工业建筑的新建、改建和扩建工程的采光设计。规定了利用天然采光的居住、公共和工业建筑的采光系数、采光质量和计算方法及其所需的计算参数。

[4]2.3.4.4 《民用建筑隔声设计规范》（GB 50118-2010）

本标准适用于全国城镇新建、改建和扩建的住宅、学校、医院、旅馆、办公建筑及商业建筑等6类建筑中主要用房的隔声、吸声、减噪设计。其他类建筑中的房间，根据其使用功能，亦可参照本规范的相应规定。

[4]2.3.4.5 《生态环境状况评价技术规范》（HJ/T 192-2006）

本标准适用于我国县级以上区域生态环境现状及动态趋势的年度综合评价。规定了生态环境状况评价的指标体系和计算方法。

[4]2.3.4.6 《民用建筑室内舒适度标准》

待编四川省工程建设地方标准。我国现有各类建筑节能设计标准仅对室内给出了基本的温度指标，随着我国居民生活水平的不断提高，对建筑室内舒适度的要求也越来越高，舒适度是一个综合的指标，是人类对建筑室内健康环境的一种需求，因此有必要编制该标准，对舒适度的定义、指标体系等内容给出明确的要求。